JavaScript プログラマーのための

TypeScript
厳選ガイド

JavaScriptプロジェクトを型安全で
堅牢にする書き方を理解する

著 藤 吾郎

技術評論社

執筆にあたり、次の環境を利用しています。環境や時期により、手順・画面・動作結果などが異なる可能性があります。

・TypeScript 5.5
・Node.js v22

■ご購入前にお読みください

【免責】

・本書に記載された内容は、情報の提供だけを目的としています。したがって、本書を用いた運用は、必ずお客様自身の責任と判断によって行ってください。これらの情報の運用の結果について、技術評論社および著者はいかなる責任も負いません。

・本書記載の情報は、特に断りのない限り、2024年8月現在のものを掲載しています。ご利用時には変更されている場合があり、本書での説明とは機能内容や画面図などが異なってしまうこともあります。本書ご購入の前に、必ずご確認ください。

・Webサイトやサービス内容の変更などにより、Webサイトを閲覧できなかったり、規定したサービスを受けられなかったりすることもあり得ます。

以上の注意事項をご承諾いただいた上で、本書をご利用願います。これらの注意事項をお読みいただかずに、お問い合わせいただいても、技術評論社および著者は対処しかねます。あらかじめ、ご承知おきください。

【商標、登録商標について】

本文中に記載されている製品の名称は、すべて関係各社の商標または登録商標です。本文中に™、®、©は明記していません。

はじめに

　本書はJavaScriptプログラマーに向けたTypeScriptの入門書です。TypeScriptは、JavaScriptに静的型を追加したプログラミング言語です。TypeScriptの構文はJavaScriptの構文のほとんどをそのまま利用しており、ほとんどそのままJavaScriptに変換して実行するため、JavaScriptと同等のことができます。そして、静的型付けは、正しく動作し、しかも読みやすいプログラムを書くための助けになります。

　現在、私たちは「TypeScriptこそがモダンJavaScriptである」という時代に立ち会っています。Webの発展とともにさまざまなWeb技術がJavaScriptの上に構築されていき、JavaScriptの適用範囲も広がりつつあります。その中でTypeScriptは、JavaScriptの代替言語として、その存在感を示しています。

　この本では、TypeScriptを「すべてのJavaScriptプロジェクトにとって導入する価値のある、JavaScriptの一方言」と位置付けています。この「方言」とは、ここでは「JavaScriptの知識を100%活かせるが、表面的にはJavaScriptとは少しだけ異なる言語」という意味です。TypeScriptとJavaScriptの適用範囲はほとんど一致するからです。JavaScriptプロジェクトの実装言語としてTypeScriptを採用することで、生産性が向上し、より安定したソフトウェア開発を行えるでしょう。

　JavaScriptの世界にはさまざまなスキルレベルの人々がいますが、TypeScriptは初心者から上級者まであまねくメリットを享受できます。初心者であればあるほど、TypeScriptの持つ型安全性やコード補完などはプログラミングの際のよいガイドとなるでしょう。一方で、JavaScriptに深い知識を持つ開発者であれば、TypeScriptがもたらす大規模プロジェクトでの信頼性向上をより深く体感できることでしょう。

　さらに、TypeScriptは少し独特なところがあります。それは、TypeScriptはJavaScriptに型注釈などの構文を追加した言語であり、TypeScriptのソースコードはTypeScriptの処理系とJavaScriptの処理系で2度処理されるということです。この二重構造はTypeScriptの理解を難しくしていると感じます。

　本書は、TypeScriptの基本から実践的な使い方までを包括的にカバーしてい

ます。TypeScriptは、たとえごく浅いレベルでしか知識がないとしても、使い始めることができます。一方、知識が深ければ深いほど選択肢が増え、より効率的な開発が可能となります。この本をひとつの足がかりとして、JavaScriptプロジェクトにTypeScriptを導入し、生産性の向上を実感していただければ幸いです。

　第1章では、TypeScriptについて概念的な話をしています。第2章では、TypeScriptコンパイラの基本的な使い方を紹介しています。第3章はES2015+について、主にTypeScript的な文脈から解説をしています。続く第4章、第5章ではTypeScriptの型システムについて基礎から応用まで解説し、第6章ではモジュールについて簡潔に触れます。

　本書はすでにある程度JavaScriptに習熟したプログラマーを対象にしています。また、bashなどの基本的なコマンドラインインターフェイスや、gitとGitHubについても最低限の知識はあるものとします。最初から通読することを念頭に置いて章を立てていますが、TypeScriptの知識が少しある場合や、JavaScriptについて熟知している場合は、第4章と第5章を集中的に読むのでもよいでしょう。

　最後に、TypeScriptは楽しいプログラミング言語であるということを強調しておきたいです。そこには、学びの喜び、発見の喜び、そして何よりも、コードがうまく動いたときの喜びがあります。ぜひ、読者のみなさんもTypeScriptを楽しんでください。

　それでは、あなたのTypeScript学習の旅が、楽しく有意義なものになりますように。

サンプルコードについて

　本書には多数のサンプルコードが付属します。サンプルコードは整形ツール（フォーマッタ）によって自動的に整形してあります。これは筆者が、コードの整形は人の手でやるよりツールに任せるべきであると考えているためです。これは、たとえ採用した整形ツールのルールに多少の異論があったとしてもです。整形に関する議論はたいていの場合あまり価値がないので、ツールを採用することで議論を減らすことには大いに価値があります。

　本書のサンプルコードは、一部の例外をのぞき、Prettier v3のデフォルトオプションで整形してあります。Prettierは、コードの整形を自動化するツールで、多くのJavaScript/TypeScriptのプロジェクトで採用されています。Prettierはやや癖のあるツールではありますが、導入が非常に簡単であるという大きな利点があります。

　サンプルコードは、次のGitHub repositoryから入手できます。

- https://github.com/gfx/typescript-book-support

 ## 謝辞

　本書を執筆するにあたり、多くの方々にお世話になりました。まず、技術評論社の編集部の皆様には、本書の企画から出版まで、多大なるご支援をいただきました。特に、技術評論社の編集者である小竹香里さんは本書の編集者として辛抱強く執筆に付き合っていただきました。この場を借りて、深く感謝申し上げます。

　また、本書のレビュアーとして参加してくださった、弟の藤遥さん、友人のhkurokawaさん、teehahさん、tkihiraさん、vvakameさんらにも感謝いたします。彼らのレビューによって、本書の内容がより正確で分かりやすいものになりました。彼らにも深く感謝いたします。

　最後に、妻の明日香にも改めて感謝いたします。彼女は元ITメディアの編集者として、あるいは執筆を趣味とする者として、様々なサポートをしてくれました。彼女のサポートがなければ、本書は執筆できなかったでしょう。

はじめに iii

第1章 TypeScriptとは何か 1

1-1　なぜTypeScriptが注目されているのか 2
1-2　TypeScriptが開発された背景 3
1-3　TypeScriptで生産性が上がる理由 4
1-4　TypeScript+JavaScriptという二重構造 7
1-5　TypeScriptのエコシステム 7

第2章 TypeScript コンパイラの基礎

9

- **2-1** node コマンドをインストールする ... 10
  - COLUMN Node.js とブラウザ以外の JavaScript ランタイム ... 11
  - Windows ... 12
  - macOS - Homebrew ... 12
- **2-2** tsc コマンドをインストールする ... 13
  - プロジェクトディレクトリを用意する ... 13
  - tsc コマンドをプロジェクトにインストールする ... 14
  - tsc --init で tsconfig.json を生成する ... 15
- **2-3** tsc コマンドで TypeScript のコードをコンパイルする ... 16
- **2-4** tsimp コマンドで TypeScript のコードをコンパイルせずに実行する ... 17
- **2-5** tsconfig.json について知っておくべきこと ... 18
  - `compilerOptions.target` - コンパイル先の ES バージョン ... 18
  - `compilerOptions.lib` - 標準ライブラリの型定義 ... 19
  - COLUMN ダウンレベルとポリフィル ... 20
- **2-6** Visual Studio Code で TypeScript 言語サービスを利用する ... 21
- **2-7** Visual Studio Code からスクリプトを実行できるようにする ... 22
  - COLUMN JSON と JSONC の違い ... 23
- **2-8** 本書のサンプルコードについて ... 25

第3章 ES2015+ の基本構文　27

- 3-1 変数宣言 … 28
  - var による変数宣言の復習 … 28
  - ブロックスコープの変数宣言 let … 29
  - ブロックスコープ宣言 const … 30
  - TypeScript における declare var 宣言 … 31
- 3-2 クラス … 32
  - クラスの継承 … 33
  - 第一級オブジェクトとしてのクラス … 34
- 3-3 文字列 … 35
  - JavaScript の文字列リテラルの復習 … 35
  - テンプレート文字列 … 36
  - タグ付きテンプレート … 36
  - TypeScript における文字列リテラル型 … 38
- 3-4 プリミティブ値 … 40
  - 多倍長整数 / bigint … 40
  - シンボル / symbol … 42
- 3-5 配列とタプル … 43
  - コンストラクタ代替メソッド … 44
  - タプル … 45
  - 配列 … 46

3-6	**オブジェクト**	47
	オブジェクトリテラル	47
	オブジェクトリテラル型	49
	プロパティ速記法	50
3-7	**グローバルオブジェクト**	51
3-8	**関数とメソッド**	51
	アロー演算子による無名関数	52
	ジェネレータ関数	53
	デフォルト引数	54
	可変長引数	56
3-9	**スプレッド構文**	56
	関数の引数に対するスプレッド構文	57
	配列リテラルに対するスプレッド構文 [...a]	57
	オブジェクトリテラルに対するスプレッド構文 {...o}	58
3-10	**分割代入**	59
3-11	**条件分岐**	61
	if文	61
3-12	**for-of ループ文とイテレータ**	62
3-13	**async/await による非同期処理**	64

ix

第4章 型演算の基本

67

- 4-1 JavaScriptの動的型の概要 68
- 4-2 TypeScriptの静的型の概要 69
  - 構造型 / Structural Typing 69
  - 公称型 / Nominal Typing 71
  - 漸近的型付け / Gradual Typing 72
- 4-3 any型 73
- 4-4 unknown型 75
- 4-5 void型 77
- 4-6 never型 77
- 4-7 オブジェクト型 78
  - オブジェクトリテラル的な構文による型定義 79
  - interface宣言による型定義 79
  - オブジェクト型におけるメソッドの定義 80
- 4-8 クラス型 81
  - implements句 82
- 4-9 型を引数として受け取るジェネリクス 83
  - コンストラクタシグネチャ 85

4-10 共用体型 / Union Types ⋯⋯⋯⋯⋯⋯⋯⋯⋯⋯⋯⋯ 86

4-11 交差型 / Intersection Types ⋯⋯⋯⋯⋯⋯⋯⋯⋯ 87

4-12 余剰プロパティチェック /
Excess Property Checks ⋯⋯⋯⋯⋯⋯⋯⋯⋯⋯⋯⋯ 87

4-13 ナローイングと型ガード ⋯⋯⋯⋯⋯⋯⋯⋯⋯⋯⋯ 88

4-14 型アサーションのas演算子 ⋯⋯⋯⋯⋯⋯⋯⋯⋯ 92

　　　COLUMN 暗黙の型アサーション ⋯⋯⋯⋯⋯⋯⋯⋯ 95

4-15 as const演算子 ⋯⋯⋯⋯⋯⋯⋯⋯⋯⋯⋯⋯⋯⋯ 96

4-16 non-nullアサーション演算子 ⋯⋯⋯⋯⋯⋯⋯⋯ 98

4-17 ユーザー値技の型ガードを実装する
述語関数 ⋯⋯⋯⋯⋯⋯⋯⋯⋯⋯⋯⋯⋯⋯⋯⋯⋯⋯ 99

4-18 ナローイングを起こすためのアサーション関数 ⋯101

4-19 satisfies演算子 ⋯⋯⋯⋯⋯⋯⋯⋯⋯⋯⋯⋯⋯⋯102

　　　implements句とsatisfies演算子の比較 ⋯⋯⋯⋯⋯ 103

第5章 高度な型演算

5-1 型関数と型演算子 ... 106
- 型関数のためのユーティリティ ... 106
- 条件付き型 / Conditional Types ... 108
- 条件付き型の分配 / Distributive Conditional Types ... 109
- T[P] - 型のプロパティ参照 ... 111
- infer 型演算子 ... 113

5-2 共用体型と交差型 ... 113

5-3 テンプレートリテラル型 ... 115
- テンプレート文字列に従って一定の規則を持つ文字型を作る ... 116
- テンプレートリテラル型とinfer型演算子で文字列リテラル型の中身を解析する ... 117

5-4 組み込み型関数 ... 118
- `Record<KeyType, ValueType>` - 連想配列として使うオブジェクト型を生成する ... 118
- `ReturnType<Fn>` - 関数の戻り値を取り出す ... 119
- `Pick<T, K>` - オブジェクト型から一部のプロパティを取り出す ... 120
- `Omit<T, K>` - オブジェクト型から一部のプロパティを除外する ... 121
- `Partial<T>` - オブジェクト型のプロパティをすべて省略可能にする ... 122

5-5 型演算活用事例 - ルーティングパスの文字列型からパラメータを取り出す型関数 `ParamsOf<S>` ... 124

第6章 モジュールシステム

6-1 importで拡張子なし ... 128
6-2 importで拡張子に `.mjs` ... 129
6-3 importで拡張子に `.mts` ... 130

第1章 TypeScriptとは何か

- 1-1 なぜTypeScriptが注目されているのか
- 1-2 TypeScriptが開発された背景
- 1-3 TypeScriptで生産性が上がる理由
- 1-4 TypeScript+JavaScriptという二重構造
- 1-5 TypeScriptのエコシステム

本章はまず、TypeScriptとは何かということ、またTypeScriptをとりまく環境について説明します。

1-1 なぜTypeScriptが注目されているのか

　まず、なぜTypeScriptは注目されているのでしょうか。それは、TypeScriptがJavaScript処理系で動作するソフトウェアの実装言語として、JavaScriptそのものよりも生産性が高いと考えられているからです。

　このことはTypeScriptのキャッチコピーにも現れています。最初のTypeScriptのキャッチコピーは"JavaScript that scales"でした。日本語に訳すと「スケールするJavaScript」です。このキャッチコピーが意味するところは2つあります。ひとつは「TypeScriptはJavaScriptの代替言語である」ということ、もうひとつは、文字通り「TypeScriptはスケールする」ということです。

　「JavaScriptの代替言語」とは、ソースコードをコンパイラでJavaScriptに変換して実行するプログラミング言語で、altJSとも呼ばれます。まさしく、TypeScriptはaltJSであり、TypeScriptコンパイラでTypeScriptソースコードをJavaScriptに変換して、JavaScript処理系によって実行されます。TypeScriptの構文の多くがJavaScriptと一対一対応することも相まって、すべてのJavaScript製ソフトウェアはTypeScriptでも実装できるといっても過言ではありません。

　次に、「スケールする(拡大する)」の意味ですが、ここでは「開発規模が大きくなったときに破綻しにくい」ということを示しています。これは、TypeScriptが静的型付き言語であることから得られる特徴です。TypeScriptは、型をソースコード上に書けます。その書かれた型の整合性はコンパイル時に検査され、型の整合性のとれないコードはコンパイルエラーになります。さらに、TypeScriptコンパイラの提供するエディタ用のコンパイラサービスにより、エディタは型の整合性を保つようなコードを書くサポートをしてくれます。また、書かれた型は、あとからコードを読むときの信頼できる情報源としても使えます。

1-2 TypeScriptが開発された背景

　TypeScriptが開発された背景としては、2000年代初頭からインターネットの急激な発展の結果、Webアプリを実装する技術としてHTMLやCSSとともにJavaScriptの需要が急激に高まったことが挙げられます。その結果、JavaScript製ソフトウェアの大規模化が進み、効率のよい開発のためにさまざまな技術が登場しました。そのひとつがTypeScriptです。

　まず、JavaScriptの登場は1995年のことで、Netscape Navigatorというブラウザに搭載されたプログラミング言語としてリリースされました。それから10年後の2005年くらいから、JavaScript+HTML+CSSでブラウザ上に実装する、操作性の高いWebアプリを開発する事例が増えました。たとえば、Google MapsやGmailはその代表格でした。そのような背景をもとにJavaScript製ソフトウェアは大規模で複雑になり、静的解析によって未然にバグを防ぐ開発手法が求められるようになりました。JSLintやJSHintなどの静的解析ツールもこの流れの中で生まれ、ソフトウェアの品質を維持するためのツールとして人気を博しました。また、Closure Compilerという、JavaScriptのコメントとして型注釈を書き、その型注釈をもとにソースコードを圧縮(minify)したり、型の整合性を検証したりするツールキットも現れました。

　そして2012年、TypeScriptがMicrosoftにより発表されます。Microsoftが新たなaltJSを発表したことは、当時のJavaScriptエンジニア界隈を驚かせました。さらに、TypeScriptの主要な開発者としてAnders Hejlsberg(アンダース ヘルスバーグ)氏が名前を連ねていたことからも、大きな期待をもって迎えられました。ヘルスバーグ氏は、C#やDelphiなど人気の高い静的型付き言語の設計・開発経験のあるソフトウェアエンジニアとして名前が知られていたからです。

　ところで、2012年は、筆者が当時所属していたDeNA(ディーエヌエー)のチームでも「静的型付きJavaScript」というコンセプトのもとでJSX[注1]というaltJSを開発・リリースした年でもあります。JSXは実験的なソフトウェアの域を出ませんでしたが、「JavaScriptに静的型付けを加える」というアイデアは、広く需要があり、そして実現される機運もあったということです。

注1) このJSX言語は、Reactで使われるJSX構文とは別のものです。https://jsx.github.io/

それからさらに10年が経ち、TypeScriptは順調に成長してきました。また、JavaScriptは処理系も仕様（ECMA-262）も大きく改良されてきました。その結果、JavaScriptの処理系は飛躍的に高速化し、JavaScriptを使える領域は拡大しました。またWebアプリの実装における典型的なユースケースを実装しやすいように、新しい機能も提案・標準化されました。現在もJavaScriptは拡張され続けており、毎年新しいECMA-262のバージョンが規格化されています。

今やJavaScriptはブラウザだけでなくほかのプラットフォームでも開発言語として採用されるようになっています。たとえば、Microsoftの開発するテキストエディタ "Visual Studio Code" もTypeScriptで実装されています。また、React Nativeとの組み合わせでスマホアプリを開発したり、Node.jsとの組み合わせでサーバーサイドアプリを実装したりすることもできます。もちろん、ブラウザで動くWebアプリのフロントエンドは依然としてTypeScriptの主戦場です。

1-3 TypeScriptで生産性が上がる理由

TypeScriptで生産性が上がる理由は、JavaScriptの言語仕様をほとんどそのまま利用しつつ、それに加えて静的型付けを導入した言語だからです。

「JavaScriptの言語仕様をほとんどそのまま利用」というのは、TypeScriptの大きな特徴のひとつです。これは、altJSの歴史的にはむしろ少数派です。たとえば、TypeScriptより前の時代に人気を博したCoffeeScriptというaltJSがあります。CoffeeScriptは、JavaScriptとはまったく異なる構文でした。たとえば構文上のブロック（if文など）はインデントで表現するものでした。CoffeeScriptはJavaScriptと異なる点が多かったため、JavaScriptの知識を必ずしもそのまま適用できない問題がありました。筆者も仕事の都合上CoffeeScriptを使ったことがありますが、JavaScriptの知見が活かせないことが多く、かといって静的解析の面ではJavaScriptより優れた点があるわけでもなく、総じて見ると個人的な印象はあまりよくありませんでした。この点、TypeScriptはJavaScriptをベースにしているため、JavaScriptの知見やテクニックのほとんどすべてをそのまま利用できます。

もう一つの特徴である静的型付けは、とくに中規模から大規模なソフトウェアにおいて、動的型付けよりも高い生産性を持つと考えられています。静的型付

き言語は、動的型付き言語であれば実行時にエラーになるような一部の問題を、コンパイル時に検出できるからです。一般に問題の検出は早ければ早いほど開発時には効率的です。たとえば、開発プロセスを1.プログラミング、2.ビルド、3.テスト実行、4.QA、5.デプロイ、のように分解した場合、もっとも避けるべきは、開発の最終工程である「5.デプロイ」のあとに問題が見つかるケースで、これはもはや顧客に影響のある障害です。一方で、「1.プログラミング」あるいは「2.ビルド」の工程で問題が見つかるのは顧客への影響もなく、効率のよい開発を行えているといえます。

静的型付けが問題の早期発見の助けになるのは、静的解析で解析できる事象が大幅に増えること、そして静的解析によってエディタのサポートをより強力にできるからです。「静的型付け」というのは、プログラムを実行することなく、コンパイルのときに型が処理系によって解析されるという意味です。そのときの解析によって型の整合性が検査されるため、プログラムが全体として型レベルで整合性を保っていることを期待できます。

たとえば、JavaScriptでよくあるミスとして、関数の引数の型を間違えて使うことがあります。このようなミスを防ぐのはTypeScriptの得意とするところです。たとえば、JavaScriptの組み込み関数である`Number.parseInt()`は、文字列をパースして整数値に変換する組み込み関数です。これは、まれに数値の小数部分を取り除くための`Math.trunc()`の代わりに使われることがありますが、関数の誤用であり意図しない値を返すことがあります。このような誤用はTypeScriptによって防げる典型的なミスのひとつです。

`Number.parseInt()`のシグネチャをTypeScriptで表現すると`Number.parseInt(x: string, base?: number): number`となります。つまり、第一引数は文字列で必須の引数、第二引数は数値（基数）で省略可能の引数で、戻り値は数値です。この関数は文字列を受け取る関数ですが、第一引数として文字列以外の値を渡すと、その値を文字列に変換したあと本来の処理を実行するため、小数のある数値を渡してもそれなりに動いてしまうのです。

次のJavaScriptコードは`Number.parseInt()`を誤用していますが、「小数部を取り除く」という目的は達成できています。

misuse-of-parseint-1.mjs

```
// JavaScript
// 注意！次のコードは誤用です！
console.log(Number.parseInt(3.14)); // => 3
```

前述のコードはたまたま想定通り動作しました。しかし、これは誤用なので想定通り動作しないこともあります。次のコードは、0.0000003の小数部を取り除いた値である0を返すことを想定していますが、3を返します。これは、0.0000003を文字列化すると"3e-7"という文字列に変換するためです。この文字列化自体はJavaScriptおよび浮動小数点数の仕様なので完全に正しく、ただNumber.parseInt()の使い方が間違っているからこのような結果になるのです。

miseuse-of-parseint-2.mjs

```
// JavaScript
// 注意！次のコードは誤用です！
console.log(Number.parseInt(0.0000003)); // => 3
```

　TypeScriptではこの誤用をコンパイル時に検出できる可能性が高いです。any型の値を渡すと型チェックが動作しないため、確実に検出できるとはいえませんが、現実的には十分な精度で問題を検出できます。次のコードは、引数が文字列でないためコンパイルが通りません。

misuse-of-parseint-3.error.mts

```
// TypeScript
console.log(Number.parseInt(0.0000003)); // コンパイルエラー
// [TS2345] (2,29): Argument of type 'number' is not assignable ⏎
 to parameter of type 'string'.
```

　ところで、プログラム中に型注釈を書くことは、信頼できるドキュメントとしてコードリーディングの役にも立ちます。コメントもコードリーディングを助けるために書かれますが、型注釈はコメントと異なり、コードによってプログラムの挙動を説明できるからです。TypeScriptは型推論やコンパイラオプションによって一部の型注釈を省略できます。しかし、コードリーディングの助けになると思うのであれば、型注釈を省略できる場所であってもあえて型注釈を書くほうがよいこともあります。

　本書のTypeScriptのコードに関しても、型推論の例示以外では関数のシグネチャの型注釈を省略していません。型注釈によってコードリーディングのための情報を付与できることは、静的型付き言語の大きな利点のひとつです。多くのコードは、書く回数よりも読む回数のほうが圧倒的に多いからです。

1-4 TypeScript+JavaScript という二重構造

TypeScriptはJavaScriptに独自の構文を加えたものです。TypeScriptの構文のうち、JavaScriptと共通する部分については、その構文が意味するところ（セマンティクス）はJavaScriptと完全に同じです。このため、本書ではTypeScriptはJavaScriptの方言であるととらえています。

TypeScriptは実行する前にJavaScriptに変換するため、TypeScriptのコードはTypeScriptコンパイラとJavaScript処理系で二重に解釈されます。この二重性はしばしば混乱のもとになります。たとえばESモジュールの扱い、つまりimport文まわりは実際に問題になりがちです。また、TypeScriptでコンパイルエラーになるコードを、無理やり型チェックを無効化して実行しても結局JavaScriptエラーになった、ということも起こりがちです。

このような二重性があるため、あるエラーがTypeScriptコンパイラによるものかJavaScript処理系によるものかを意識しなければならないことがあります。とくにts-nodeコマンド[注2]やtsimpコマンド[注3]のように、TypeScriptコンパイラとJavaScript処理系が統合されたコマンドを使っていると混乱することがあります。TypeScriptコンパイラによるエラーは、TS####（#は数字）というエラーコードが付属しているのでそれで見分けられます。

1-5 TypeScriptのエコシステム

TypeScriptはJavaScriptと密接に関わっています。それは、エコシステムの面でも同様です。ここで、プログラミング言語におけるエコシステム（software ecosystem）とは、プログラミング言語の処理系やツール、ライブラリ、コミュニ

注2) ts-nodeコマンドはTypeScriptファイルを直接Node.jsで実行するためのコマンドです。以前はデファクトスタンダードといってよいほどよく使われていましたが、2024年8月現在は開発が活発ではなく、とくにts-node v10がNode.js v20以降でESモジュールモードで動作しないため、本書ではこの用途としてtsimpコマンドを使います。

注3) tsimpコマンドもTypeScriptを直接Node.jsで実行するためのコマンドです。リリースが2023年と比較的新しいのですが、ts-nodeコマンドと比べてESモジュールを完全にサポートしているため、本書ではこちらを使います。

ティなど、開発に関わるものすべてを指します。

　プログラミング言語のエコシステムの良し悪しや成熟の度合いは、そのプログラミング言語の生産性に直結します。TypeScriptはJavaScriptのエコシステムのほとんどをそのまま利用できます。JavaScriptのライブラリはすべて利用できますし、ESLintやWebpackなどのツールやテストフレームワークも、プラグインが必要なことが多いものの、ほとんどが利用できます。またTypeScript製のライブラリはライブラリ側の対応をすることでJavaScriptからも利用できます。TypeScriptとJavaScriptのエコシステムは、多くを共有しつつ相互に影響を与えながら一緒に成長していくものなのです。

　ただし、型付けの性質の違いにより、TypeScriptとJavaScriptの接続部分の品質は必ずしも安定していません。たとえば、JavaScriptのライブラリにTypeScriptの型を外付けで与えるDefinitelyTyped[注4]というプロジェクトがありますが、このDefinitelyTypedの型付けは必ずしも正しくなく、使うことでかえってトラブルになることも少なくありません。JavaScriptとTypeScriptで言語仕様が違う以上、ある程度の諦めは必要です。

注4) https://definitelytyped.github.io/

第 **2** 章

TypeScript
コンパイラの基礎

2-1	node コマンドをインストールする	2-5	tsconfig.json について知っておくべきこと
2-2	tsc コマンドをインストールする	2-6	Visual Studio Code で TypeScript 言語サービスを利用する
2-3	tsc コマンドで TypeScript の コードをコンパイルする	2-7	Visual Studio Code からスクリプトを 実行できるようにする
2-4	tsimp コマンドで TypeScript のコードを コンパイルせずに実行する	2-8	本書のサンプルコードについて

この章では、TypeScriptコンパイラおよびその主要な実装であるtscコマンドについて、基本的な使い方を解説します。実際のWebフロントエンドやバックエンドの開発ではtscを直接呼び出すことはまれですが、それでもtscはTypeScriptで開発するときの基本です。tscがどういうソフトウェアなのかは、知っておいたほうがよいでしょう。

　ところで「TypeScriptコンパイラ」と「tsc」は必ずしも同じ意味ではありません。現在のところTypeScriptコンパイラはいくつか異なる実装があります。

　tscはTypeScriptチームによる代表的な実装です。参照実装としての側面もあるため、TypeScriptの仕様はtscが実装しているものと考えてよいでしょう。しかしそれ以外にも、BabelのTypeScriptプラグインやesbuildもTypeScriptをコンパイルできます。これらはtscのすべての機能を実装しているわけではありません。tscと併用することが前提とされていますが、それでも十分に実用的です。

　ただし実際には、TypeScriptコンパイラはtscとほぼ同じ意味で使われることも多いです。本書ではtscそのものについて触れるとき以外は「TypeScriptコンパイラ」で用語を統一しています。

2-1　nodeコマンドをインストールする

　TypeScriptコンパイラの準備をする前に、コマンドラインのJavaScript処理系であるNode.jsが必要です。Node.jsのインストール方法はいくつかあります。

　まず、公式サイト[注1]からビルド済みパッケージをダウンロードして手動でインストールするパターンです。この方法はOSによらず簡単にそのときの最新バージョンをインストールできます。しかし、この方法で継続的に最新バージョンをインストールするのは手間がかかります。

　次に、OSごとの汎用的なパッケージマネージャで入れる方法があります。macOSであればHomebrew、Windows (WSL) であればaptやLinuxbrewなどです。HomebrewやLinuxbrewであれば最新版を入れられますし、その後継続して新しいバージョンに追従するのも簡単です。aptで入るNode (nodejsパッ

注1)　https://nodejs.org/en/download/

ケージ) のバージョンはディストリビューションにもよりますが、少し古いことが多いでしょう。

また、nvmやnodebrewのようなNode.js専用のバージョンマネージャを使うこともできます。このような専用のバージョンマネージャを使うと、複数バージョンのNode.jsをインストールしてプロジェクトごとに使い分けることができます。

ところでNode.jsのメジャーバージョンは、開発版である「Current」バージョンと安定版である「LTS (Long Term Support：長期サポート)」バージョンがあります。Currentはその時点での開発版でいずれ安定版になる予定のバージョンですが、処理系自体が不安定なことがあります。実際の運用ではLTSを使い、Currentはテストで使うにとどめるのがよいでしょう。ただし、macOSのパッケージマネージャであるHomebrewではデフォルトでCurrentの最新版が入るようです。本書で扱う範囲においてはCurrentでも問題ありません。

またいずれの場合も Node.js 用のパッケージマネージャである npm コマンドも同時にインストールされます。npm はもともと Node.js 用プロジェクトのパッケージマネージャですが、現在は Web フロントエンド用のライブラリも管理できます。

COLUMN

Node.jsとブラウザ以外のJavaScriptランタイム

Node.js以外のJavaScriptランタイムもここで少し紹介します。「JavaScriptランタイム」というとき、純粋なJavaScript処理系に加えて何らかの実行環境やライブラリが付属しています。JavaScriptランタイムは大きく分けると次の3種類あります。

- ブラウザ用
- コマンドラインアプリケーション用
- エッジコンピューティング用

ブラウザ用のランタイムは、ブラウザに搭載されており、Webサイトを操作するためのランタイムです。もっとも一般的なJavaScriptランタイムともいえます。典型的には、純粋なJavaScript処理系に加えて、Web API (ブラウザAPI) を備えています。ブラウザ用のランタイムを想定したアプリケーションを「Webフロントエンド」と呼ぶこともあります。「Webフロントエンド用のライブラリ」は、ブ

ラウザ用のランタイムに依存したライブラリという意味です。

　コマンドラインアプリケーション用のランタイムは、汎用的なタスクを行うためのランタイムです。純粋なJavaScript処理系に加えて、イベントループやそのうえで動くイベントドリブンな非同期処理、そしてさまざまなユーティリティからなります。この種のランタイムには、Node.jsがよく知られています。さらに、Deno[注2]やBun[注3]なども比較的よく使われます。

　エッジコンピューティング用のランタイムは、主にはクラウドサービスの一貫として提供されており、サーバーレスアプリケーションとして動作するJavaScript実行環境です。ここで「エッジ」とは「サーバーサイドでもっともユーザーに近い終端」という意味で、典型的にはCDNの一機能として提供されるものです。この種のランタイムには、AWS Lambda@EdgeやCloudflare Workers、Fastly Compute、Akamai EdgeWorkersなどがあります。これらはWeb APIのService Worker API[注4]互換のAPIや、サーバーサイドアプリケーション用のAPIを備えています。

　また、特定のJavaScriptランタイムに依存しないJavaScriptプログラムを「Universal JavaScript」または「Isomorphic JavaScript」と呼ぶことがあります。

注2) https://deno.land/
注3) https://bun.sh/
注4) https://developer.mozilla.org/en-US/docs/Web/API/Service_Worker_API

Windows

　Windowsの場合は、Node.jsの公式サイト（https://nodejs.org/）からインストーラーをダウンロードしてインストールします。インストーラーは、Node.jsとnpmを同時にインストールします。

macOS - Homebrew

　macOSの場合は、Homebrewを使います。バージョンを指定しない場合は、その時点でのCurrentバージョンが入ります。本書執筆時点では、Currentのメジャーバージョンは22です。

```
$ brew install node
# ...

$ node --version
v22.x.x
```

Node.jsのLTSバージョンを使いたいときは、nvmを使います。また、OS付属のパッケージマネージャで入るNode.jsのバージョンが古い場合も、nvmを使って新しいバージョンをインストールできます。

nvmのインストールについては本書では解説しません。公式サイト[注5]を参照してください。

2-2 tscコマンドをインストールする

それではいよいよTypeScriptコンパイラの公式実装であるtscコマンドをインストールします。TypeScriptはnpmパッケージとして配布されており、npm install -gでグローバルにインストールする方法と、npm installでプロジェクトごとのnode_modules/ディレクトリにインストールする方法があります。

本書ではプロジェクトごとにインストールする想定です。グローバルにインストールする方法は、一見すると簡単ですが、現実のプロジェクトでグローバルにインストールしたtscを使うことはまずありません。プロジェクトごとに、TypeScriptコンパイラのバージョンを厳密に管理したいからです。そこで、ここではプロジェクトごとにインストールする方法を紹介します。

 プロジェクトディレクトリを用意する

まず、プロジェクトのためのディレクトリを用意します。なお、本書でいう「プロジェクト」とは、「npmのためのpackage.jsonが置かれたディレクトリ」という意味です。最小限のpackage.jsonはnpm init --yesで生成できます。このとき、現在のディレクトリの名前がプロジェクト名（nameフィールド）にな

注5） https://github.com/nvm-sh/nvm

ります。npmjs.comにリリースしない場合は、プロジェクト名は何でもかまいません。ここでは「hello-typescript」というディレクトリを作ってプロジェクトとして初期化します。

```
$ mkdir hello-typescript
$ cd hello-typescript
$ npm init --yes
```

 tsc コマンドをプロジェクトにインストールする

次に、npmコマンドでtscコマンドをインストールしてバージョンを確認します。tscコマンドは、typescriptパッケージに含まれます。

typescriptパッケージは、通常は開発時にのみ必要なので、npm install --save-dev typescript@5.5でインストールします。

ここでnpm install --save-dev typescript@5.5は、3つのことを行います。まず、typescriptパッケージをプロジェクトのルートのnode_modules/ディレクトリにインストールします。次に、そのパッケージの情報をpackage.jsonのdependencies（引数を与えないとき）またはdevDependencies（--save-devのとき）に追加します。最後に、package-lock.jsonを更新し、バージョンを厳密に固定します。package.jsonは人の手で管理するプロジェクトのメタデータであり、npmコマンドが更新するほか、手作業で更新することもあります。package-lock.jsonはnpmコマンドだけが更新する自動生成ファイルです。

npmでインストールしたパッケージは、パッケージに含まれるコマンドを実行したり、ソースコードでrequire関数やimport文でモジュールとして読み込んだりできます。これをもってパッケージのことを「モジュール」と呼ぶこともあります。ただし、本書ではESモジュールとの混同を避けるため、「パッケージ」と呼びます。

パッケージに含まれるコマンドは、node_modules/.binディレクトリにインストールされます。しかし、このディレクトリは通常はPATHが通っていないため、コマンド名だけでは呼び出せません。プロジェクトにインストールされたコマンドを実行する簡単な方法は、Node.js配布キットに含まれるnpxコマンドを使うことです。

なお、console.log()などのNode.jsの標準ライブラリの型を使うために、@types/nodeという型定義パッケージもインストールします。

```
$ npm install --save-dev typescript@5.5

# node_modules/.binにインストールされたコマンドをnpxコマンド経由で実行します
$ npx tsc --version
Version 5.5.4

# node_modules/.bin/tscを直接実行もできます
$ node_modules/.bin/tsc --version
Version 5.5.4

# console.logなどを使うためにNode.jsの標準ライブラリの型をインストールします
$ npm install --save-dev @types/node
```

tsc --init で tsconfig.json を生成する

TypeScriptプロジェクトを始めるときは、まず tsc --init でデフォルトの設定ファイル tsconfig.json を作ります。tsconfig.json ファイルなしでもコンパイルはできますが、設定のデフォルト値が不明ですし、いずれにせよすぐに何か設定したくなります。どんなときでも常に tsconfig.json ファイルを作っておくのがよい習慣です。

```
$ npx tsc --init
```

デフォルトの tsconfig.json が生成されたら、次のように "compilerOptions" の中の "target" (以降このようなケースを "compilerOptions.target" と表記します) の値を "ES2020" に、"compilerOptions.lib" の値を ["ES2023"] に、"compilerOptions.module" の値を "ES2022" にしてください。

```
{
  "compilerOptions": {
    "target": "ES2020",
    "lib": ["ES2023"],
    "module": "ES2022",
    // ほかはデフォルト通りなので省略
  }
}
```

tsc --init で作られる初期設定ファイルは、それ自体さまざまな設定がコメント含め非常に充実しています。TypeScriptに慣れてきたら、一度じっくり読んでみることをおすすめします。デフォルトの tsconfig.json はこまめにアップデートされており、読むたびに学びがあっておもしろいです。

2-3 tscコマンドでTypeScriptのコードをコンパイルする

tscコマンドが使えるようになってtsconfig.jsonを作ったら、TypeScriptのソースコードをコンパイルしてみましょう。次のようなTypeScriptのコードがhello.mtsという名前で保存されているものとします。

hello.mts
```
// これはTypeScriptのコードです
// ": void" という型注釈があるのでJavaScript処理系では直接実行できません
function sayHello(): void {
  console.log("Hello, TypeScript!");
}

sayHello(); // => "Hello, TypeScript!"
```

このファイルをtscコマンドでコンパイルすると、同じディレクトリにhello.mjsというファイルが作られます。

```
$ npx tsc
```

デフォルトではコンパイル結果はソースファイルと同じディレクトリに拡張子.js (もとのTypeScriptファイルの拡張子が.tsのとき) または.mjs (もとのTypeScriptファイルが.mtsのとき) で作られます。なお、拡張子の"m"プレフィクスは、そのファイルがESモジュールとして解釈されることを強制します。その出力されたファイルの中身は次のようになっています (コメントは省略)。

hello.mjs
```
function sayHello() {
  console.log("Hello, TypeScript!");
}
sayHello();
export {};
```

今回は非常にシンプルなコードなので、: voidというTypeScriptの型注釈が取り除かれてexport {}というESモジュールを強制するマーカーが追加されただけで、ほかは元のソースコードそのままです。このコードはJavaScriptなので、nodeコマンドで実行できます。

```
$ node hello.mjs
Hello, TypeScript!
```

ここではtscコマンドを直接使いましたが、実際にはtscコマンドを直接使うとは限りません。TypeScriptコンパイラはライブラリとしても使えるようになっており、サードパーティによるカスタムコンパイラがいくつか存在します。また、公式の実装とは別のTypeScript処理系もあり、コンパイル速度のためにそのような別の実装を使うこともあります。そのようなカスタムコンパイラや、あるいは別のTypeScript処理系を使うことは、現実のプロジェクトでもよくあります。

2-4 tsimpコマンドでTypeScriptのコードをコンパイルせずに実行する

tsimp (TypeScript Importer) は、TypeScriptのコードのコンパイルを自動的に行ったうえでNode.jsのnodeコマンドで実行するサードパーティ製のカスタムコンパイラです。コンパイル作業をする必要がないので、シンプルにTypeScriptプログラムを実行したいときには便利です。また、TypeScriptでNode.js用のサーバーサイドアプリを作るときにも使うことがあります。本書でも、主にこのtsimpコマンドを使って試行錯誤することを念頭に置いています。

インストールについては、tsc同様プロジェクトごとにインストールします。

```
$ npm install --save-dev tsimp
```

また、tsimpコマンドのためにtsconfig.jsonにも次の二行のコメントアウトを外しておきます。この二行を有効にすることで、`import "./foo.mts"`のようにimport時の拡張子を.tsまたは.mtsと書けるようになります。ただし、その代償として`npx tsc`コマンドでJavaScriptファイルが生成されなくなります。とはいえ「TypeScriptネイティブ」なコードのためには必要な設定なので、本書ではとくに指示しなければこのtsconfig.jsonのもとでコードを書きます。

```
{
  "compilerOptions": {
    "allowImportingTsExtensions": true,
    "noEmit": true,
  }
}
```

tsimpコマンド自体はnodeコマンドのように実行するファイルを指定して使います。コマンドラインオプションは、tsimp自体のもののほか、nodeコマンドへのオプションをそのまま渡せます。

```
$ npx tsimp hello.mts
Hello, TypeScript!
```

ところでtsimpコマンドはカレントディレクトリに`.tsimp/`というディレクトリを作り、キャッシュやコンパイラサーバの管理に使います。このディレクトリは次のように`.gitignore`に追加しておくとよいでしょう。

```
$ echo ".tsimp/" >> .gitignore
```

tsimpで何か問題が起きたときは、.tsimp/daemon/logを見ると何が起きたかがわかることがあります。たとえば、TypeScript v5.6.2はtsimp v2.0.11との組み合わせで問題が起きます。このようなときは.tsimp/daemon/logを見ることで、問題の原因がわかります。この場合の修正方法は、TypeScriptコンパイラをダウングレードするか、新しい修正バージョンを待つことになります。

 ## tsconfig.jsonについて知っておくべきこと

tsconfig.jsonは非常に多くの設定項目があります[注6]。すべてを紹介することは難しいため、ここではデフォルトで出力される`tsconfig.json`から変更することの多い設定項目をいくつか紹介します。

 ### compilerOptions.target - コンパイル先のESバージョン

`compilerOptions.target`はコンパイル後のESのバージョンです。これに指定する値は"ES5"や"ES2023"のような値です。新しいバージョンのESを指定すると、TypeScriptのプログラムで新しいESの機能を使ったり、あるいはコンパイル結果がTypeScriptのコードに非常に近いものになります。古いバージョ

注6) https://www.typescriptlang.org/tsconfig

ンのESを指定すると、新しいESの機能がそもそも使えなかったり、使えたとしても古いESで実現可能な形にダウンレベルされます。

このオプションの妥当な値はプロジェクトごとに異なります。目安としては、ブラウザで動かす前提であれば4年前のESバージョンを指定しておくとほとんどのケースで問題ないでしょう。2024年であれば、"ES2020"です。Node.jsで動かすプログラムの場合はもう少し新しくてもよいでしょう。該当のNode.jsのバージョンがリリースされた年の2年前のバージョンでも十分なことが多いです。

この値の変更を検討するときは、実際の動作環境で試行錯誤する必要があります。JavaScript処理系のバージョンとESバージョンはまったく対応していないためです。

 ## compilerOptions.lib - 標準ライブラリの型定義

compilerOptions.libは、コンパイル時に使う標準ライブラリの型定義を追加で指定するときに必要です。これはまず"ES2024"のようなESバージョンを基本としつつ、Webフロントエンド用のアプリケーションであればさらに"DOM"などの機能セットを指定します。

次のコードは設定例です。compilerOptions.libには配列を与えます。

```
{
  "compilerOptions": {
    "target": "ES2020",
    "lib": ["ES2024", "DOM"],
    // ほかは省略
  }
}
```

この設定は、基本的にはESの最新バージョンを指定してかまいません。ただしその場合、型定義があるのでコンパイルは通るものの、実際には処理系から提供されていないために使用できない機能があるかもしれません。一部の未実装機能はcore-jsなどのポリフィルで解決できることもあります。

COLUMN ダウンレベルとポリフィル

ダウンレベル (downlevel) とは、TypeScript コンパイラや Babel などのツールを使って、新しいバージョンの ES に準拠したソースコードを古いバージョンの ES に変換する処理です。TypeScript コンパイラは ES2015+ の多くの機能を ES5 にダウンレベル可能です。

ポリフィル (polyfill) は新しいバージョンの ES の標準ライブラリをサードパーティライブラリとして実装し提供するものです。JavaScript は組み込みの標準ライブラリのクラスでさえサードパーティが追加や上書きできるため、このような技術が発達しました。ダウンレベルもポリフィルも、古い JavaScript エンジン（古いブラウザ）でも最新の JavaScript の多くの機能を使うための技術です。

ダウンレベルやポリフィルは、シェアが一定以上ある主要なブラウザで JavaScript の最新機能の実装状況に大きく差があるゆえに発達した技術でした。とくに、Internet Explorer 11 (IE11) は ES2015+ にほとんど対応していないため、IE11 で動作させるためにはダウンレベルとポリフィルが必須だったのです。つまり、TypeScript（または ES2015+）でコードを書き、ES5 にダウンレベルしたコードにポリフィルで不足した標準ライブラリを補ったものをデプロイするというのが、2015 年以降の標準的なフロントエンドアプリのスタイルでした。

ところがこのダウンレベル必須の状況は、今やほとんど過去のものとなりました。2020 年 12 月に IE11 の開発元である Microsoft が、自社の Web サービスの IE11 サポートを 2021 年 8 月に終了するというアナウンスを行いました[注7]。これを受けて、国内の Web サービスも次々と 2021 年 8 月前後に IE11 サポートを終了する旨を宣言しています。さらに、Microsoft は、ドメインごとに自動的に Internet Explorer の後継である Microsoft Edge に転送する機能を提供しました。これはサイト管理者の要請が必要ではありますが、IE11 サポートを切ってもユーザーへの影響を最小限に抑えられます。実際に IE11 サポートを終了するためには技術以外の要素についても考慮が必要ですが、少なくとも技術的には IE11 サポートを終了することによる悪影響はなくなったといってよい状況です。

本書を執筆開始した当初は、IE11 対応が事実上必須だったので、ダウンレベルについて大きくページを割く予定でした。しかし、この状況の変化をうけて、ダウンレベルやポリフィルついては本書では具体的には触れないことにしました。

注7) https://docs.microsoft.com/ja-jp/lifecycle/announcements/internet-explorer-11-support-end-dates

2-6 Visual Studio CodeでTypeScript言語サービスを利用する

　言語サービス (language service) とは、プログラミング言語をエディタで編集する際に、構文ハイライトや構文チェック、あるいは補完やリファクタ支援などをサポートする機能です。TypeScriptコンパイラにはtsserverという言語サービスを実装したアプリケーションが同梱されており、エディタはtsserverを通じてTypeScriptの言語サービスをエディタに導入します。

　本章では、エディタとしてVisual Studio Code (VS Code)[注8]を使うことを前提とします。VS CodeはTypeScriptコンパイラ同様にMicrosoftが開発するエディタであり、TypeScriptに関してはデフォルトで言語サービスが有効になります。また、TypeScriptの言語サービスそれ自体が、VS Codeを主なターゲットとして開発されているようです。

　なお、ほかのエディタでも、多くの場合はtsserverとエディタのプラグインによって言語サービスを受けられます。ただし、本書では「エディタ」といえばVS Codeでのことで、「エディタが○○する」というのは「VS Codeでは○○する、ただしほかのエディタでもTypeScriptの言語サービスをVS Codeと同水準でサポートしていれば、同等の振る舞いをするはず」という意味です。

　VS CodeでTypeScriptの言語サービスを利用する場合、何も設定しなくてもサービスは受けられます。ただし、実用的には、プロジェクトのTypeScriptのコンパイラバージョンを固定することが普通です。この場合、VS Code上でエディタ下部のステータスバーの「{} TypeScript」というカラムの{}をクリックすると、TypeScript Versionの「Select Version」を選択でき、そこで「Use Workspace Version」を選択するとプロジェクトのnode_modules/ディレクトリにインストールしたTypeScriptの言語サービスを使うようになります。

　設定ファイル的には、プロジェクトの.vscode/settings.jsonに次のように記述することでプロジェクトごとに固定されたTypeScriptコンパイラと言語サービスを使うように設定できます。エディタ上で設定した場合も同様の設定がされるはずです。なお、.vscode/ディレクトリはgitの管理対象にするべきです。これは、そのプロジェクトすべての人の開発者体験を均質にするためです。

注8) https://code.visualstudio.com/

.vscode/settings.json

```
{
    "typescript.tsdk": "node_modules/typescript/lib",
}
```

2-7 Visual Studio Codeから スクリプトを実行できるようにする

　TypeScriptに限らず、何らかのコーディング作業において、簡単に試行錯誤できる環境を作ることは開発の生産性に直結します。一度の試行の時間が短ければそれだけ多く試行錯誤できて、時間あたりの試行錯誤の回数が生産性に直結するからです。たとえば、エディタ上から直接プログラムやテストを実行する機能は、ある程度時間をかけてでも整えておく価値があります。ここでは、エディタの設定例としてVS Codeでの設定を紹介します。

　VS Codeから外部コマンドを実行するための設定は`.vscode/launch.json`で行います[注9]。

　この`launch.json`ファイルに次のようなJSONを書くと、TypeScriptファイルを tsimp コマンド経由で VS Code 上で実行できるようになります。実行するには、実行したいファイルにフォーカスのある状態でVS Codeの"Run and Debug"ペインを開いて、"TypeScript File"を選択して実行ボタン▷を押します。macOSのデフォルトのキーボードショートカットであれば、F5キーを押しても同様の動作になります。

.vscode/launch.json

```
{
    "version": "0.2.0",
    "configurations": [
        {
            // name - VS Codeの "Run and Debug" ペインで表示される名前
            //        最初の8文字くらいしか表示されないので識別可能にします
            "name": "TypeScript File",
            // type - デバッガの種類
            "type": "node",
            // sourceMaps - デバッガがソースマップを使うかどうか
            "sourceMaps": true,
```

注9) `launch.json`の書き方の詳細は、https://code.visualstudio.com/Docs/editor/debugging にあります。説明が不完全なのである程度ソースを読んだり試行錯誤したりする必要があるかもしれません。

```
            // request - 新規にプロセスを開始する"launch"または既存の
プロセスへの"attach"
            "request": "launch",
            // internalConsoleOptions - 実行時にデバッグコンソールを
開きたいなら要設定
            "internalConsoleOptions": "openOnSessionStart",
            // cwd - 実行時のカレントディレクトリ
            "cwd": "${workspaceFolder}",
            // env - 環境変数
            "env": {
                "NODE_ENV": "development",
            },
            // runtimeExecutable - 処理系にパスが通っている場合は
コマンド名、そうでなければ絶対パス
            "runtimeExecutable": "${workspaceFolder}/node_
modules/.bin/tsimp",
            // runtimeArgs - 処理系へのオプション
            "runtimeArgs": [
                "${relativeFile}",
            ],
        },
    ]
}
```

COLUMN: JSONとJSONCの違い

VS Codeの設定ファイルは、実はJSONそのものではなく、JSONC (JSON with Comments) というフォーマットが使われます。JSONとの差分は、JavaScriptと同じスタイルのコメントが使えること、リストの末尾コンマが認められていることの2点です。

.vscode/launch.jsonファイルにコメントが書けるのは、このファイルのフォーマットがJSONCだからです。その他、.vscode/settings.jsonファイルなども同様にJSONCです。

なお、VS Code自体は.jsoncという拡張子もJSONCと認識します。しかし、現在のVS Code (1.84) ではlaunch.jsonなどの設定ファイルには.jsonc拡張子が使えません。これはJSONの仕様にも慣習にも違反していますが、将来的にはJSONがコメントと末尾コンマを許容するべきという気もするので、VS Codeに関しては少し未来を先取りしているだけとも考えられます。

またテストファイルを開いているときに、特定のテストランナーの制御下で実行するような設定もできます。次の例はMochaを使う場合です。Jestなどほかのテストランナーでも同様に設定できます。引数を調整して、ファイル単体ではなくすべてのテストを実行するようにもできます。

なお、コマンドの起動は、${runtimeExecutable} ${runtimeArgs} ${program} ${args}という順で引数が構築されます。前のtsimpコマンドを使う例も、npxコマンド経由で書くこともできます。

.vscode/launch.json

```
{
    "version": "0.2.0",
    "configurations": [
        {
            "name": "Run Test File",
            "type": "node",
            "sourceMaps": true,
            "request": "launch",
            "internalConsoleOptions": "openOnSessionStart",
            "cwd": "${workspaceFolder}",
            // npx mocha --colors ${relativeFile}を実行する設定
            "runtimeExecutable": "npx",
            "program": "mocha",
            "args": [
                "--colors",
                "${relativeFile}",
            ],
        },
    ]
}
```

launch.jsonは複雑なこともできます。たとえば、コマンド実行前にビルドなどの特定のタスクを実行することもできます。ただし、必要以上に複雑なことをlaunch.jsonファイル内でやることはおすすめできません。実行の前準備が必要な場合はpackage.jsonのscriptsセクションに書いたり、シェルスクリプトやタスクランナーで定義しておき、launch.jsonではそのタスクを単発で呼び出すだけにとどめるべきです。前準備などのタスクをCIや自動テストと共有しつつ、さまざまな実行自体も同じタスクランナーのファイルで定義しておくほうが管理しやすいからです。

24

2-8 本書のサンプルコードについて

ところで、本書のサンプルコードは、すべて`tsimp`コマンドで実行することを想定しています。tscコマンドでコンパイルしてJavaScriptファイルにすることはできません。これはESモジュールについての少し複雑な事情があるためです。ESモジュールについては、第6章で詳しく解説しますが、ここでは本書の方針だけ取り上げます。

まず、サンプルコードは拡張子`.mts`にしています。これにより、tsconfig.jsonやpackage.jsonの設定にかかわらず、TypeScriptのESモジュールモードになります。このモードでは、TypeScriptのコンパイラがJavaScriptのコードを生成するときに、TypeScriptのimport文をNode.jsのrequire関数[注10]に変換するのではなく、import文のままにしておきます。

このとき、ESモジュールからimportできるファイルは、原則として、`node:`プレフィックスを指定するnodeモジュール、パッケージ名を指定するnpmモジュール、そして拡張子を省略せずに相対パスを指定するESモジュールとなります。

このルールは本書の「決め」であり、必ずしも2024年現在のベストプラクティスではないかもしれません。しかし、筆者は今後はこのスタイルがデファクトになっていくと予想しているため、本書ではこのスタイルを採用しています。

実際には、一貫して`.mts`を使うには、まだビルドツールのサポートが不十分です。現時点で`.mts`にこだわる必要はまったくないので、ビルドツールや処理系が奨励するスタイルを採用してください。

注10）正確には「CommonJSのrequire関数」です。CommonJSはJavaScriptのためのモジュールの仕様で、ES2015でESモジュールが定義される前はデファクトスタンダードでした。

第 3 章
ES2015+ の基本構文

3-1	変数宣言	3-8	関数とメソッド
3-2	クラス	3-9	スプレッド構文
3-3	文字列	3-10	分割代入
3-4	プリミティブ値	3-11	条件分岐
3-5	配列とタプル	3-12	for-of ループ文とイテレータ
3-6	オブジェクト	3-13	async/await による非同期処理
3-7	グローバルオブジェクト		

本章では、ES2015+の基本構文を、TypeScriptで使うという文脈で解説します。ESとはECMAScriptの略で、ECMAScriptはJavaScriptの標準規格であるECMA-262で定義される言語の正式名称です。本書では、ECMA-262第6版[注1]で定義される「ECMAScript 2015」を「ES2015」、そしてES2015を含むそれ以降の版のESを「ES2015+」と総称しています。本書執筆時点では最新のESはES2024なので、「ES2015+」とは、ここではES2015からES2024までのESすべてという意味です。

なお「ES2015+」としてES2015を特別扱いするのは、ES2015は長いESの歴史の中で特別なバージョンだからです。その前のメジャーバージョンであるECMA-262第5版（ES5）は2009年に策定されたのですが、ES2015はそれから紆余曲折を経て6年越しのメジャーアップデートでした。そしてES2015でクラスやESモジュール、テンプレート文字列など、言語仕様へ追加された新機能が非常に多かったのです。そのあと、ESは毎年バージョンアップされる体制に変化し、ES2015以降も多くの機能が追加されていますが、依然として「新しいJavaScript」として「ES2015+」という総称が使われています。

TypeScriptはES2015+との互換性を維持したまま発展してきました。したがって、TypeScriptを使うためには、ES2015+を学ぶ必要があります。本章はES2015以降のESの新機能、つまりES2015+について、TypeScriptで使うという文脈のもと解説します。

 ## 3-1 変数宣言

それでは、ES2015+で導入された新機能を、TypeScriptとの関係を絡めて解説していきます。まず、コードの全域に影響を与える変数宣言です。なお、本章はJavaScriptの機能の説明ですが、サンプルコードはとくに断りのない限りTypeScriptで書いています。

 varによる変数宣言の復習

ES2015より前のJavaScriptでは、次のようにvarが唯一の変数宣言でした。

注1) http://www.ecma-international.org/ecma-262/6.0/

```
                                                              var.mts
var x = "Hello, world!";
console.log(x); // => Hello, world!
```

varは関数の中のどこで宣言しようとも有効範囲が関数全体となり、また変数を複数回宣言してもただ一度だけ宣言したのと変わりません。そしてこの仕様は多くの誤解とバグを生み出すことになりました。

たとえば、次のようなコードは文法的には有効です。この関数f()では複数回var xを宣言していますが、2度目に宣言しても何も効果はありません。その結果、xには"second"が代入されます。変数宣言をしたのに何も効果がないというのは、わかりにくい仕様だと思います。

```
                                                       var-file-scope.mts
function f() {
  var x = "first";
  if (true) {
    var x = "second";
  }
  console.log(x); // => second
}
f();
```

現代においてvarを使わなければならない状況はありませんが、varを使っている古いコードはまだあるため、プロジェクトによっては読む必要はあるかもしれません。しかし、本書でvarが出てくるのはこの節だけです。

 ## ブロックスコープの変数宣言 let

一方ES2015+では、コードブロックごとに新しい変数定義が作られるletとconstを使います。コードブロックごとに定義が作られるため、ブロックスコープの変数宣言と呼ばれます。letは再代入可能で、constは再代入不可能な変数宣言です。

まず、先ほどのvarを使ったコードをletに置き換えてみると、"first"が印字されます。constでも結果は同じです。

```
                                                              let.mts
function f() {
  let x = "first";
  if (true) {
```

```
    let x = "second";
  }
  console.log(x); // => first
}
f();
```

上記はifブロックにより異なるブロックを定義しているため再宣言できました。しかし、同じブロック内で同じ変数は再宣言できません。

let-shadowing.error.mts
```
// ERROR: Cannot redeclare block-scoped variable 'x'
let x = "foo";
let x = "bar";
```

TypeScriptコンパイラによるエラーメッセージである "Cannot redeclare block-scoped variable 'x'" は、「ブロックスコープの変数xは再宣言できません」という意味です。

意図しない再宣言はバグの温床ですから、同じブロックスコープに再宣言不能であるletはvarよりも意図しない動作をしにくくなっているといえます。

 ブロックスコープ宣言 const

letとconstの違いは、再代入できるかどうかです。次のコードを見てください。letは再代入できますが、constは再代入できません。

let-re-assign.mts
```
// letは再代入できます
let x = "Hello, world!";
x = "Hi!";
console.log(x); // => Hi!
```

const-re-assign.error.mts
```
// constは再代入できません
// ERROR: Cannot assign to 'x' because it is a constant.
const x = "Hello, world!";
x = "Hi!";
console.log(x);
```

TypeScriptコンパイラによるエラーメッセージである "Cannot assign to 'x' because it is a constant" は、「xには代入できません。xは定数だからです」という意味です。ただし、constはあくまでも再代入を禁止するだけで、オブジェ

クトや配列の中身の変更はできてしまいます。定数 (constant) という名前とは裏腹に、定数として振る舞うのは代入された値がプリミティブ値のときだけです。

ところでここで紹介したエラーはTypeScriptコンパイラによるものですが、JavaScriptエンジンで実行するとランタイムエラーが発生します。たとえば、Node.jsで前記のコードを実行すると、"TypeError: Assignment to constant variable."、つまり「エラー: 定数変数への代入」というエラーメッセージになります。

 ## TypeScriptにおけるdeclare var宣言

ES2015以前に使われていたvarに似て非なる機能として、TypeScriptのdeclare var宣言があります。これは、declare varにより、「そこにグローバル変数があるべき」という宣言として機能します。「あるべき」という宣言なので、実際に定義が存在しない場合は、JavaScriptレベルでエラーになります。

declare varの有効な使い方は次のようなものです。

declare-var.mts

```
// tsimpで実行する場合、グローバル変数processがあるべきです
// (ただし、通常は@types/nodeモジュールを使うのでこのような宣言は不要)
declare var process: any;
console.log({ "process.env.HOME": process.env.HOME });
// 環境変数HOMEの値が出力されます
```

declare var宣言で、存在しないグローバル変数を宣言すると、TypeScriptコンパイラは正常にコンパイルしますが、JavaScriptエンジンが実行時エラーを報告します。

declare-var-js-error.mts

```
// 存在しない変数の場合は、コンパイルは通るがNode.jsによるランタイムエラーになります
declare var foobar: any;
console.log({ foobar });
// ReferenceError: foobar is not defined
```

declare var宣言はTypeScriptの機能で、変換先のJavaScriptには現れません。JavaScriptのvarとは、見た目は似ていますが、意味は異なります。通常、ランタイムによって定義されるグローバル変数を自分で宣言する必要はありません。declare var宣言のユースケースとしては、たとえば、サードパーティ

製JavaScriptライブラリを使うとき、そのライブラリがTypeScriptの型情報を提供しておらず、さらにグローバル変数を提供するインターフェースであるとき、そのグローバル変数を宣言するために declare var を使う必要はあるかもしれません。

3-2 クラス

　クラスはES2015でJavaScriptに追加された機能です。JavaScriptはもともとクラスはなく、プロトタイプベースのオブジェクト指向プログラミングの機能を持っていました。実行時に動的にインスタンスの振る舞いを構築するプロトタイプベースは、コンパイル時にインスタンスの振る舞いを構築するクラスベースと比較して、表現力に劣るということはありません。しかし、TypeScriptでは動的にプロトタイプを構築するよりも、静的にクラスを定義するクラスベースのほうが、型チェックなどの静的解析の精度を高めやすいのです。ES2015でクラスが導入されたのはTypeScriptにとって追い風だったと言えるでしょう。

　JavaScriptのクラスは、次のように定義します。なお、コードはTypeScriptなので型アノテーションはありますが、クラス定義の意味はJavaScriptと完全に同じです。

class.mts
```typescript
// HTTPリクエスト
class HttpRequest {
  // プロパティ
  readonly method: string;
  readonly url: string;

  // コンストラクタ
  constructor(method: string, url: string) {
    this.method = method;
    this.url = url;
  }

  // 静的メソッド
  static createGet(url: string) {
    return new HttpRequest("GET", url);
  }
```

```
  // インスタンスメソッド
  perform() {
    console.log(`Performing ${this.method} ${this.url} ...`);
    // 実装は省略
  }
}

// 静的メソッドを呼びます
const req = HttpRequest.createGet("https://example.com/");

// インスタンスメソッドを呼びます
req.perform(); // "Performing GET https://example.com/ ..."
```

クラスの継承

JavaScriptのクラスは継承をサポートしています。なお、言語仕様としてサポートしているのは単一継承のみで、多重継承はできません。次の例のように、継承をするにはextends句を使います。

class-inheritance.mts

```
class Base {
  hello() {
    console.log("This is an instance of Base!");
  }
}
class Derived extends Base {
  // override Base.prototype.hello()
  hello() {
    console.log("This is an instance of Derived!");
  }
}

const base = new Base();
base.hello(); // "This is an instance of Base!"

const derived = new Derived();
derived.hello(); // "This is an instance of Derived!"
```

ところで、最近のWebフロントエンド・プログラミングにおいて、継承を使う機会は減ってきたとされています。状態と振る舞いのセットがほしい場合でも、クラスに紐づかないオブジェクトをそのまま使うことが増えてきています。これは、継承によるクラスの拡張、とくに多態が起きると、どの要素がどのクラスからく

るのかがわかりにくく、コードを追いにくいと考えられているからです。

また、クラスをシリアライズするためにはクラスごとに専用のコードを書かなければならないため、JSONやIndexedDB、あるいはネットワーク経由での状態の永続化がやりにくいという問題もあります。クラスに紐づかないオブジェクトはシリアライズのための特別なコードが不要で実現が簡単なため、より好まれる傾向があります。

 ## 第一級オブジェクトとしてのクラス

クラスは第一級オブジェクト (first-class objects) です。つまり、ほかのオブジェクトと同じように、クラスを値として変数に代入したり、関数の引数として渡したり、関数の戻り値として返したりできます。また、クラス定義を式として書くとき、そのスコープには定義されません。つまり、クラス定義の値のみを通じてそのクラスを操作できるのです。これにより、次のように「クラスオブジェクトを生成する関数」を簡単に定義できます。たとえば次のコードは、あるクラスにカスタムメソッドを追加した新しいクラスを生成して返す例です。

create-class.mts

```
// ClassにcustomMethod()を追加した新しいクラスを返します
function createExtendedClass<Class extends new (...args: any[])
 => any>(
  baseClass: Class,
) {
  return class ExtendedClass extends baseClass {
    //   カスタムメソッドを定義します
    customMethod() {
      console.log("This is a custom method in the extended
 class.");
    }
  };
}

class MyBaseClass {
  private name: string;
  constructor(name: string) {
    this.name = name;
  }

  sayHello() {
    console.log(`Hello, my name is ${this.name}.`);
```

```
  }
}

const MyClass = createExtendedClass(MyBaseClass);
const instance = new MyClass("John");

instance.sayHello(); // "Hello, my name is John."
instance.customMethod(); // "This is a custom method in the ⏎
 extended class."
```

3-3 文字列

文字列については、ES2015でテンプレート文字列とタグ付きテンプレートが導入されました。また、Stringクラスにも多数のメソッドが追加されています。本節ではそれらについて解説します。

 JavaScriptの文字列リテラルの復習

まず復習になりますが、JavaScriptにはもともと2種類の文字列リテラルがありました。ダブルクォート文字列とシングルクォート文字列です。この2つはクォートに使う記号が違うだけで、まったく同じ機能です。そして、この旧来の文字列は、複数行の文字列リテラルができず、また文字列への式の埋め込み（interpolation）もありませんでした。

string-literals.mts
```
// ダブルクォート文字列
const dqs = "foo\n"; // "foo" のあと改行

// シングルクォート文字列
const sqs = 'foo\n'; // "foo" のあと改行

// 複数行の文字列をリテラルに入れられないので工夫が必要でした
const multiLines
    = "1行目\n"
    + "2行目\n"
    + "3行目\n";
```

```
// 式の埋め込みがないので + で文字列と式を連結していました
const s = "1たす1は" + (1 + 1) + "です！";
// => 1たす1は2です！
```

 ## テンプレート文字列

ES2015には、新しい文字列リテラルとしてテンプレート文字列が加わりました。テンプレート文字列はバッククォート（backtick, `）で囲まれた文字列リテラルです。テンプレート文字列は複数行の文字列をサポートし、さらに任意の式を埋め込めます。

template-literals.mts
```
const multiLine = `
複数行の文字列も
ほらこのとおり！
`;

const interpolation = `
1たす1は${1 + 1}です。
`;
// => 1たす1は2です。
```

 ## タグ付きテンプレート

さらに、タグ付きテンプレートという、テンプレート文字列をユーザー定義関数で拡張する機能もあります。タグ付きテンプレートは、テンプレート文字列と文字列に埋め込まれた式の値を引数として、どんなオブジェクトでも生成できます。いうなれば、ユーザー定義リテラルを作るための機能です。タグ付きテンプレートを実装する関数をタグ関数と呼びます。

たとえば標準ライブラリでは、String.rawというタグ関数が提供されており、エスケープシーケンスが解釈されない生（raw）の文字列を生成できます。

tagged-templates.mts
```
const raw = String.raw`foo\n`;
// => "foo\\n"
// String.raw`\n` は改行ではなくバックスラッシュと"n"の組み合わせ
```

タグ関数は自分で定義することもできます。その場合、実質的に2つの文字列の配列からなるオブジェクトであるTemplateStringsArrayと式のリストを引数として受け取り、任意の値を返す関数として実装します。たとえば、次のコードは、

文字列埋め込みを可能にした正規表現を生成するタグ付きテンプレート関数です。カスタム正規表現リテラルとも考えられます。なお、string | RegExpは「stringまたはRegExp型」という意味の共用体型です。共用体型については第4章で詳しく解説します。

re.mts

```
// 正規表現を生成するタグ付きテンプレート関数
// ただし、RegExpコンストラクタにフラグは渡せません
export function re(
  strs: TemplateStringsArray,
  ...exprs: ReadonlyArray<string | RegExp>
): RegExp {
  let source = "";
  // TemplateStringsArrayは、ReadonlyArray<string>とほぼ同じだが、
  // さらにraw: ReadonlyArray<string>というプロパティを持つ配列オブジェクト
  // rawプロパティはエスケープシーケンスが解釈されていない生の文字列の配列です
  for (let i = 0; i < strs.raw.length; i++) {
    source += strs.raw[i];
    if (i < exprs.length) {
      const item = exprs[i];
      if (item instanceof RegExp) {
        source += `(?:${item.source})`;
      } else {
        source += String(item);
      }
    }
  }
  return new RegExp(source);
}
```

このタグ関数は、正規表現を部品から組み立てるために使えます。たとえば、次のコードは42や-5、0などの10進法の整数にマッチする正規表現を構築します。

re-usage.mts

```
import { strict as assert } from "node:assert";
import { test } from "node:test";
import { re } from "./re.mts";

//「符号付き10進数の整数」を表す正規表現を部品から組み立てます
const digit = re`[0-9]`;
const digitNonZero = re`[1-9]`;
const sign = re`[+-]`;
const decimal = re`${sign}?${digitNonZero}${digit}*|${sign}?$⏎
{digit}`;
const decimalOnly = re`^${decimal}$`;
```

```
test("decimal", () => {
  test("valid", () => {
    // これらのtest()はすべてtrueになります
    assert.ok(decimalOnly.test("123"));
    assert.ok(decimalOnly.test("+789"));
    assert.ok(decimalOnly.test("-0"));
  });
  test("invalid", () => {
    // これらのtest()はすべてfalseになります
    assert.ok(!decimalOnly.test("foo"));
    assert.ok(!decimalOnly.test("3.14"));
    assert.ok(!decimalOnly.test("001"));
  });
});
```

タグ付きテンプレートの引数は、通常のTypeScriptの関数と同じように型注釈を指定して静的型チェックを使えます。前述のre関数は、埋め込み式として文字列とRegExpしか受け付けないため、次のようにほかの型の値を埋め込もうとしてもコンパイルエラーになります。

re.error.mts

```
import { re } from "./re.mts";

const pattern = re`foo${123}bar`;
// コンパイルエラー:
// Argument of type 'number' is not assignable to parameter of ⏎
 type 'string | RegExp'.
```

タグ付きテンプレートは実質的にはただの関数呼び出しですが、文字列結合との相性がよいため、文字列と結合して生成するオブジェクトを生成する関数として使うのがよいでしょう。

 TypeScriptにおける文字列リテラル型

TypeScriptの型システムでおもしろいのは、文字列リテラルそれ自体を文字列型の特殊化された型としても使えることです。

たとえば、"foo"を型注釈として使うと、文字列型の特徴を持ったまま「文字列"foo"のみが許される型」になります。"foo" | "bar"なら「文字列"foo"または文字列"bar"のみが許される型」です。

string-literal-types.mts
```
// sは"foo"または"bar"のみ代入することが許されます
let s: "foo" | "bar";

// これはOK
s = "foo";

// これもOK
s = "bar";
```

たとえ文字列であっても、指定されていない文字列は代入できません。

string-literal-types.error.mts
```
let s: "foo" | "bar";

// これは禁止
s = "baz";
// コンパイルエラー！
// Type '"baz"' is not assignable to type '"foo" | "bar"'.
```

さらに、テンプレート文字列を型として使うと、式の埋め込みをコンパイル時に行えます。たとえば次のコードの**TypeA**と**TypeB**は同じ型として解釈されます。なお、`type name = type_expr`は型の別名を付ける構文です。

template-literal-types.mts
```
// "foo"または"bar"という型である、FooOrBarを定義します
type FooOrBar = "foo" | "bar";

// 文字列テンプレート中でFooOrBarを使います
// このとき、TypeAとTypeBは等しい型になります
type TypeA = `${FooOrBar}_id`;
type TypeB = "foo_id" | "bar_id";
```

　これらの強力なコンパイル時の文字列操作は、静的型付け言語でも珍しい部類に入ります。実際に使う機会はそれほど多くないかもしれませんが、たとえばJSON文字列やGraphQLクエリをコンパイル時に解析して型を付けるなどができるため、使いこなすと強力です。テンプレート文字列型については第5章でもう一度詳しく取り上げます。

3-4 プリミティブ値

　文字列以外のプリミティブ値、つまりnumber、boolean、null、undefinedについてはES2015+で大きな変更はありません。

　TypeScriptでは、これらのプリミティブ値のリテラルも型として使えます。とくに、T | null | undefinedは、「Tまたはnullまたはundefined」という、「ある値が、あるかもしれない、あるいは空かもしれない」という型を表現できます。次のサンプルコードではstring | null | undefinedの例を示します。

t-or-null-or-undefined.mts

```
function f(optionalStr: string | null | undefined) {
  // JavaScriptでもTypeScriptでもあいまいな比較演算子==は通常使いません
  // 例外としてx == nullだけはx === null || x === undefinedの意味で使います
  if (optionalStr == null) {
    // optionalStrはnullまたはundefined
    // ...
  } else {
    // optionalStrはstring
    // ...
  }
}
```

　ところで、この例のように、nullとundefinedは区別せず「空の値」の意味で使うことがあります。nullとundefinedを区別したい場合は、あいまいな比較演算子==ではなく、厳密な比較演算子===で、x === nullやx === undefinedのようにすると区別できます。ただし、nullとundefinedを区別したくなるケースはそれほど多くはありません。

 ### 多倍長整数 / bigint

　多倍長整数 (bigint) もES2015+で追加された機能です。多倍長整数とは、メモリの許す限りいくらでも大きな値をとれる整数型です。JavaScriptのnumber型は64ビットの浮動小数点数で、正確に表現できる整数は約53ビットです。これ以上大きな整数値を扱いたい場合はbigintである必要があります。

　リテラルは、42nのように、整数のあとにnを接尾辞（サフィックス）として付

けたものです。BigInt()関数に整数を渡してnumberやstringをbigintに変換することもできます。

bigint.mts

```ts
import { test } from "node:test";
import { strict as assert } from "node:assert";

// nサフィックスでBigIntリテラル
const bigintA = 100n;

// BigInt()関数で変換
const bigintB = BigInt(100); // 100n
const bigintC = BigInt("100"); // 100n

// MAX_SAFE_INTEGERはnumber型で確実に表現できる整数の最大値
// number型のままだと MAX_SAFE_INTEGER + 1 は MAX_SAFE_INTEGER と
等しくなってしまいます
// しかしbigint型なら正確な計算結果になります
const bigintD = BigInt(Number.MAX_SAFE_INTEGER) + 1n; //
  9007199254740992n

test("bigint", () => {
  assert.equal(bigintA, 100n);
  assert.equal(bigintB, 100n);
  assert.equal(bigintC, 100n);
  assert.equal(bigintD, 9007199254740992n);
});
```

　bigintはnumberとは異なる型なので、算術演算でbigintとnumberを混在させることはできません。たとえば、1 + 2nはTypeScriptレベルではコンパイルエラーになり、JavaScriptレベルではランタイムエラーになります。1n === 1はTypeScriptレベルではコンパイルエラーになり、JavaScriptレベルではエラーになりませんが常にfalseになります。

bigint.error.mts

```ts
// 次の式はTypeScriptだとコンパイルエラー。numberとbigintは混ぜて演算でき
ません
const bigintC = 10n + 20;
// error TS2365: Operator '+' cannot be applied to types '10n'
  and '20'

// 次の等価比較もコンパイルエラー
const result = 10n === 20;
// error TS2367: This comparison appears to be unintentional
  because the types 'bigint' and 'number' have no overlap.
```

```
// 算術演算をむりやりコンパイルを通しても、実行するとランタイムエラーになります
const bigintD = (10n as any) + (20 as any);
// Uncaught TypeError: Cannot mix BigInt and other types, use
 explicit conversions
```

ただし、次のように、bigintとnumberの大小を比較することはできます。

bigint-mixed.mts

```
// numberと大小比較はできます
console.log(100n < 200); // => true
console.log(100n > 200); // => false
```

このようなbigintの性質からすると、bigint | numberといった型によってbigintとnumberを混在させることは可能ですが、実際の型を特定するための条件分岐が多くなってコードが複雑になるうえに、ランタイムエラーの可能性も高まります。ある値を一度bigintと決めたのであれば、一貫してbigintであるほうが条件分岐の少ない素直なコードになり、保守も容易でしょう。bigintとnumberの混在は避けるべきです。

シンボル / symbol

シンボル (symbol) はES2015で追加された新しいプリミティブ値です。それぞれのシンボル値は一意な存在で、オブジェクトにほかのプロパティと衝突しないプロパティを与えるために存在します。

シンボルが導入された理由としては、JavaScriptの新しい機能を標準化する際に、既存のコードの動作を破壊しないこと、つまり後方互換性を維持するためだったと考えられます。たとえば、オブジェクトに特定のプロトコルの実装を求めるとき、「新しいメソッドにわかりやすい名前を付ける」という要求と「すでにあるプロパティ名と干渉しない」という要求が同時に発生します。このとき、シンボルによってほかのプロパティと衝突しないプロパティを定義することで、この2つの要求を同時に満たせます[注2]。

たとえば、Symbol.iteratorというシンボルは、オブジェクトがfor-ofループで反復処理をするときに、処理系によって暗黙の内に呼び出されるメソッドを

注2) 正確には、Symbolというグローバルな識別子の導入によって互換性を壊す可能性はありました。ただしこれはES2015のときに一度だけグローバルスコープに対して起きることなので、影響はほとんどなかったと考えられます。

提供するためのシンボルです。つまり、あるオブジェクトの`Symbol.iterator`という名前のプロパティが所定の仕様を満たすとき、そのオブジェクトはfor-ofループで反復処理できるようになります。

ここで、オブジェクトの集合である`MyList`という配列に似たユーザー定義クラスをfor-ofループで反復処理したいとします。その場合、クラス定義で`Symbol.iterator`というメソッド名を与えてメソッドを定義することで、for-ofループのときに暗黙的に呼び出されるメソッドを提供できます。なお、`Symbol.iterator`は識別子ではなく式なので、実際にメソッドを定義するときは角括弧(`[]`)で囲む必要があります。

symbol-iterator-example.mts

```
class MyList<T> {
  /* MyListの実装は省略 */

  // for-ofで反復処理できるようにするためのメソッド
  [Symbol.iterator](): Iterator<T> {
    throw new Error("実装は省略");
  }
}
```

`Symbol.iterator`のような`Symbol`クラスの静的プロパティは「既知のシンボル (well-known symbols)」と呼ばれ、言語処理系の実装に必要なシンボルです。既知のシンボルはECMA-262の仕様書では`@@iterator`のように表記されます。ただし、本書ではこの`@@iterator`表記は使わず、`Symbol.iterator`と記述します。

ところで、シンボルにはプロセス内で`Symbol.for()`関数を使うと、プロセス内で一意なシンボルを取得できます。たとえば、`Symbol.for("foo")`は同一プロセスであれば常に同じシンボルを返します。この機能はシンボルの性質をまったく別のものに変えてしまうため、原則として使うべきではありません。

3-5　配列とタプル

配列はES2015+でコア機能こそ変わっていませんが、多くのメソッドが追加されました。数が多いうえに似たような機能のメソッドが大量にあるため、すべ

て覚えきる必要はないでしょう。必要に応じてMDN[注3]を参照すれば十分です。

 コンストラクタ代替メソッド

　ES2015+で配列に追加されたメソッドのうち、いくつかよく使うものを紹介します。

　`Array.from()`と`Array.of()`は、コンストラクタの代わりに使う、配列を生成するメソッドです。`Array`のコンストラクタは、引数が複数ある場合はそれぞれの引数を要素とした配列を作ります。しかし、引数がひとつのときは、その引数の型が`number`のときは要素数とみなし、それ以外の型であれば長さ1の配列の要素とみなすという、実行時の型で振る舞いが違うものでした。この振る舞いはバグの温床だったため、常に引数を配列または要素のリストとみなす`Array.from()`と`Array.of()`が新設されました。

　`Array.from()`は配列っぽいオブジェクト`ArrayLike`をただひとつだけ受け取り、配列に変換します。この`ArrayLike`には、`Uint8Array`などの型付き配列（typed arrays）やブラウザの組み込みオブジェクトである`NodeList`（DOM nodeのリスト）などがあります。

　`Array.of()`はリテラル記法（`[...]`）とほぼ同じで、複数の引数を受け取り、それらの引数を要素とした配列を返します。`Array`の場合はリテラル表記と同じなので使う必要はほとんどありません。`Array`以外の`Array`に似たクラス、たとえば型付き配列の`Uint8Array`などにも`from()`や`of()`があり、リテラル記法よりも汎用的に使えます。次のコードは`from()`と`of()`の使用例です。

```
                                              array-from-and-array-of.mts
import { test, suite } from "node:test";
import { strict as assert } from "node:assert";

suite("Array constructors", () => {
  test("from(Array)", () => {
    const ary = Array.from([1, 2, 3]);
    assert.deepEqual(ary, [1, 2, 3]);
  });
  test("from(ArrayLike)", () => {
    // Array.from()の引数はUint8Arrayなどでもよいです
    const uint8array = Uint8Array.of(1, 2, 3);
    const ary = Array.from(uint8array);
```

注3) https://developer.mozilla.org

```
    assert.deepEqual(ary, [1, 2, 3]);
  });
  test("of(...)", () => {
    const ary = Array.of(1, 2, 3);
    assert.deepEqual(ary, [1, 2, 3]);
  });
});
```

タプル

　タプルは一般に、固定長の配列で、それぞれの要素の意味や型が異なるオブジェクトを指します。JavaScriptの言語仕様にタプルはありませんが、TypeScriptではタプルと呼ばれる型があり、専用の表記があります。タプルの実体は配列そのものですが、TypeScriptでは簡易的に名前の代わりに添字で参照するオブジェクトとして使うことがあります。

　たとえば、次のコードは[string, number]という2要素のタプルで、「漫画作品」を表すものとします。最初の要素は作品名、次の要素は出版年ということにします。

tuple.mts

```
// historieの型は[string, number]というタプル
const historie: [string, number] = ["ヒストリエ", 2003];
```

　タプルはオブジェクトと比べて記述が短くなりますが、要素に名前が付いていないのでそれ単体では要素の意味がわかりません。オブジェクトの要素に名前が付いていないほうがよいというケースはまれなので、ほとんどのケースではオブジェクトを使うべきです。

　ただし、何度も繰り返し使うオブジェクトや、同じパターンが大量にあってタプルでも十分にわかりやすくできる場合、あるいはオブジェクトの要素に名前が付いていないほうがよいケースでは、タプルが使われることがあります。たとえば次の例のように、React Hooksの戻り値にはタプルが使われています。React Hooksの場合は、名前を付けるのはユーザーなので、タプルを使うのが簡潔です。

tuple-in-react-hooks.mtsx

```
// https://reactjs.org/docs/hooks-intro.htmlより引用
// コメントは筆者による

import React, { useState } from "react";
```

```
function Example() {
  const [count, setCount] = useState(0);
  //      ^^^^^^^^^^^^^^^^^ useState()の戻り値は、値と関数のタプルになっています
  //    なお、タプルを受け取るこの構文は「分割代入」で、本章のあとの節で取り上げます

  return (
    <div>
      <p>You clicked {count} times</p>
      <button onClick={() => setCount(count + 1)}>Click me</button>
    </div>
  );
}
```

 配列

　配列はES2015+以前と基本的な機能は同じです。ES2015+ではメソッドが大幅に増えたほか、イテレータというしくみでfor-ofループで繰り返し処理をできるようになりました。

　配列リテラルは、TypeScriptのほかのプリミティブ値と同様に、型として使えます。また、配列リテラル型はタプル型でもあります。

array.mts
```
let foo: ["a" | "b", 0 | 1] = ["a", 0];
// fooは2要素のタプルで、最初の要素は"a"または"b"、
// 2番目の要素は0か1しか代入できません
```

　なお、タプルではない配列の表記には、ショートカット記法のT[]とジェネリッククラスによるArray<T>があり、どちらも同じ意味です。それぞれ配列の破壊的変更を行わない読み込み専用メソッドだけの集合にしたインターフェースであるreadonly T[]とReadonlyArray<T>もあります。

　なお、配列型の記法としては、本書ではArray<T>およびReadonlyArray<T>表記のみを使います。ショートカット記法は配列だけに存在するうえに、ジェネリクスの記法とまったく違って一貫性がなく、使うには不便であることが多いと思っています。たとえば、当初配列を指定していて、あとからArrayLike<T>に変更したいとき、もともとArray<T>であればLikeという単語を足すだけですが、T[]をArrayLike<T>に書き換えるときは型の構造自体を書き換える必要が出てきます。

3-6 オブジェクト

　JavaScriptにおいて、オブジェクトは大きく分けて2つの意味があります。ひとつはオブジェクト指向プログラミングにおけるオブジェクト、つまりメソッドを持ったデータの集合体です。Dateクラスや Arrayクラスのインスタンスはこの意味でのオブジェクトです。

　もうひとつは、メソッドをもたないデータの集合体です。ほかのプログラミング言語では、構造体やレコードと呼ぶこともあります。こちらの用途をさらに拡張して連想配列のような用途で使うこともあります。これについて特別な呼び名はなく、単に「オブジェクト」という場合はこちらの意味であることもよくあります。

　いずれにしても、オブジェクトはJavaScriptにおける基本的な集合データの単位のひとつであり、TypeScriptにもさまざまな意味があります。たとえば、キー (key) と値 (value) のペアを持つ連想配列として使うことはよくあります。この場合、TypeScriptでは`Record<Key, Value>`というヘルパー型を通じて使うことが多いです[注4]。一方で、メソッドを持ったデータの集合体としてオブジェクトを使うこともあり、この場合は典型的にはクラスを使います。第4章で解説するように、TypeScriptでは、クラスを使うことなくオブジェクトリテラル型やインターフェース型によってこのメソッドとデータの集合体を表現することもあります。

　ES2015+では、オブジェクトをクラス構文で定義できるようになりました。クラス構文でできることはES5以前のプロトタイプによるオブジェクトと等価ですが、TypeScriptの観点ではプロトタイプベースのオブジェクトの定義よりクラス構文のほうが静的に定義される部分が多く、静的型との相性がよいという特徴があります。

 オブジェクトリテラル

　オブジェクトリテラルは、JavaScriptのオブジェクトをその場で定義する構文です。オブジェクトリテラルはデータだけの集合も定義できますし、メソッドを

注4) JavaScript/TypeScriptには`Map<Key, Value>`という本物の連想配列クラスもありますが、歴史的経緯によりオブジェクトを連想配列として使うことも多いです。

持つデータの集合も定義できます。

データだけの定義は、次のように中括弧の中に${名前}: ${値}のペアをエントリとしてコンマで区切って並べます。

object-literal.mts

```
const language = {
  name: "TypeScript",
  releasedAt: 2012,
};

console.log(language.name); // => TypeScript
console.log(language.releasedAt); // => 2012
```

エントリの名前をリテラルではなく動的な値にするときは、角括弧で囲みます。

object-literal-with-dynamic-keys.mts

```
const object = {
  ["foo" + "bar"]: "baz", // foobar: "baz"と同じ
};
```

エントリの名前が識別子でないときはダブルクォートで囲む必要があります。

object-literal-with-dq-keys.mts

```
const object = {
  "--foo--": "bar", // キーが識別子ではないのでダブルクォートが必要
};
```

オブジェクトリテラルの中でメソッドを定義することもできます。

object-literal-with-methods.mts

```
const language = {
  name: "TypeScript",
  releasedAt: 2012,

  // 新しい記法 (ES2015+)
  getAge() {
    // ここでthisはlanguageが参照するオブジェクト
    return new Date().getFullYear() - this.releasedAt;
  },
};

console.log(language.getAge()); // => 12 (2024年に実行した場合)
```

このオブジェクトリテラル中のメソッド定義構文はES2015+の新機能で、以

48

前は次のように記述していました。

object-literal-with-methods-legacy.mts
```
const language = {
  name: "TypeScript",
  releasedAt: 2012,

  // 古い記法 (ES5以前)
  getAge: function () {
    return new Date().getFullYear() - this.releasedAt;
  },
};

console.log(language.getAge()); // => 12 (2024年に実行した場合)
```

新しい記法は、単に短く書けるというだけでなく、次のようにアクセサも定義できるので、より高い表現力を持っています。アクセサは、プロパティのようにアクセスできるメソッドで、getキーワードで定義するgetterと、setキーワードで定義するsetterからなります。

object-literal-with-accessors.mts
```
const language = {
  name: "TypeScript",
  releasedAt: 2012,

  // アクセサ (getter)
  get age() {
    return new Date().getFullYear() - this.releasedAt;
  },
};

console.log(language.age);   // => 12 (2024年に実行した場合)
```

 オブジェクトリテラル型

ほかのJavaScriptのリテラル同様に、オブジェクトリテラルも型の世界で使えます。ただし、実際の構文はオブジェクトリテラルそのものではなく、実際にはTypeScriptの型として使うために新しく設計された構文です。

まず、基本的にはオブジェクトと同じように、名前と値のペアをひとつのエントリとし、0個以上のエントリをコンマでつなげたものがオブジェクトリテラル型となります。ただし、値は任意の型を使えるので、stringや"foo"などがあ

りえます。

object-literal-type.mts
```
type LanguageType = {
  name: string;
  releasedAt: number;
};
```

オブジェクトリテラルと同様に、メソッドを持つこともできます。ただし、記述できるのはメソッドのシグネチャだけです。型は実装を持てないからです。

object-literal-type-with-methods.mts
```
type LanguageType = {
  name: string;
  releasedAt: number;

  getAge(): number;
};
```

オブジェクトリテラル型は型注釈の基本にして奥義なので、ここでは軽く紹介するにとどめます。

 プロパティ速記法

プロパティ速記法 (shorthand property) も ES2015+ で追加された構文です。オブジェクトリテラルのプロパティ名と変数名が同じ場合、プロパティ名を省略できる糖衣構文です。

object-shorthand.mts
```
const name = "TypeScript";
const releasedAt = 2012;

// 速記法を使ったオブジェクトリテラル
const language = {
  name, // name: name と同じ
  releasedAt, // releasedAt: releasedAt と同じ
};
```

これは、次のように、console.log デバッグの際に変数名をそのまま出力するときにも便利です。

```
                                                    object-shorthand-debug.mts
const name = "TypeScript";

// console.log("name=", name) などとしなくても変数名を簡単に出力できます
console.log({ name }); // => { name: "TypeScript" }
```

3-7 グローバルオブジェクト

　グローバルオブジェクト、またはglobalThisはES2020で標準化された機能です。グローバルオブジェクトの存在自体は古の昔からJavaScriptにありましたが、ブラウザではwindow、NodeJSではglobalと、JavaScriptランタイムによって異なる名前でした。これをクロスプラットフォームで統一した名前を使えるよう標準化したのがglobalThisです。

　グローバルオブジェクトはglobalThisという名前ですが、メソッドのレシーバであるthisとはほとんど関わりがありません。グローバルオブジェクトはむしろ、グローバル関数やグローバル変数などのグローバルな識別子のための名前空間のためのオブジェクトです。たとえば、StringなどのクラスやMathなどの名前空間用オブジェクト、encodeURIComponent()などのグローバル関数はグローバルオブジェクトのプロパティです。

```
                                                          global-this.mts
console.log(String === globalThis.String); // => true
console.log(Math === globalThis.Math); // => true
console.log(encodeURIComponent === globalThis.encodeURIComponent)
; // => true
```

3-8 関数とメソッド

　JavaScriptにおける関数とメソッドは、呼び出し可能な第一級のオブジェクトです。ES2015+でもそれは変わりません。ただしES2015では、アロー演算子による無名関数やジェネレータ関数、async関数、デフォルト引数、可変長引数など、多くの機能が追加されています。また、機能的には従来のメソッドと同じ

ながら、クラス定義の中でメソッドを定義するときは関数を定義するときとは別の構文を使います。

それぞれの機能について概要をざっと把握しましょう。

 アロー演算子による無名関数

アロー演算子による無名関数は、ほとんどfunctionキーワードによる無名関数と同じです。次のコードでは新旧の構文で2つ無名関数を定義していますが、この2つはまったく同じ意味です。

arrow-function.mts
```
// functionキーワードで無名関数を定義します
const add1 = function (x: number, y: number): number {
  return x + y;
};

// アロー演算子で無名関数を定義します
const add2 = (x: number, y: number): number => {
  return x + y;
};
```

また、アロー演算子には、引数がひとつだけのときに引数の括弧を省略したり (x => { ... })、関数のボディが式ひとつだけのときに角括弧とreturnキーワードを省略する記法 ((x, y) => x + y) もあります。ただし、個人的には、これらの短縮記法は無名関数の構文のバリエーションを増やして複雑にしているだけだと感じます。よって、原則として本書では用いません。

アロー演算子は、thisの扱いがfunctionキーワードで定義した関数とは異なります。functionキーワードによる関数をそのまま呼んだときは、無名かどうか、あるいは式か文かにかかわらず、thisは何にも束縛されずundefinedです。一方で、アロー演算子による関数は、thisは外側のスコープのthisを参照します。

arrow-function-this.mts
```
// strict modeかどうかで束縛されていないthisの挙動が異なるので、
// thisの微妙な振る舞いを検証するときはstrict modeであることを確認するべきです
"use strict";

const object = {
  prop: 42, // あるプロパティpropを持つオブジェクト
```

```
  method() {
    // メソッドの中ではthisはレシーバを参照します
    console.log(this); // => { prop: 42, method: ... }

    // functionの中のthisは型注釈なしだとimplicit anyでエラーになるので、
    // ここでは明示的にany型にします
    const f = function (this: any) {
      console.log(this);
    };
    // そのまま呼ぶとthisはundefined
    f(); // => undefined

    // thisを束縛 (bind) することもできます
    f.bind(this)(); // => { prop: 42, method: ... }

    // アロー演算子の場合、thisは外側のスコープを参照します
    // 言い換えれば、Function.prototype.bind でthisを束縛した状態が ↵
デフォルト
    // なお束縛のリセットはできません
    const a = () => {
      console.log(this);
    };
    a(); // => { prop: 42, method: ... }
  },
};
object.method();
```

　TypeScriptの場合は、functionキーワードによる関数を定義するとき、thisの型はデフォルトではanyになります。デフォルトの値はundefinedですが、束縛（bindメソッド）によって任意の値を設定できるからです。一方で、アロー演算子による関数の中では、thisの型は外側のスコープのthisの型と同じになります。

 ジェネレータ関数

　ジェネレータ関数は、一時停止や再開のできる関数です。呼び出し側からみると、ジェネレータ関数はジェネレータオブジェクトを返すただの関数です。ジェネレータオブジェクトは、内部に状態をもち、参照するたびに内部状態を更新して異なる値を返すオブジェクトとして振る舞います。ジェネレータオブジェクトはイテレータとしても振る舞うため、for-ofループで反復処理もできます。

ジェネレータ関数はfunction*というキーワードで定義し、関数のボディではreturn文に似た「yield文」で値を呼び出し元に返し、ジェネレータ関数の実行を一時停止します。次のコードは、1,2,3という整数をこの順で生成するジェネレータ関数です。

generator.mts

```
function* g() {
  console.log("a");
  yield 1;
  console.log("b");
  yield 2;
  console.log("c");
  yield 3;
  console.log("d");
}

// ジェネレータはイテレート可能なのでfor-ofで反復処理できます
const generator = g();
for (const value of generator) {
  console.log(value);
}
// 出力は a, 1, b, 2, c, 3, d の順
```

ジェネレータ関数でできることは、イテレータと同じです。しかし、状態管理が複雑な場合はジェネレータ関数のほうがシンプルで保守性の高いプログラムを書けることがあります。

TypeScriptでは、ジェネレータ関数はGeneratorオブジェクトを返すだけのただの関数です。言い換えれば、ジェネレータ関数は関数の内部実装における機能であり、TypeScriptレベルの関数の型について影響を与えるものではありません。

 デフォルト引数

デフォルト引数 (default parameters) はES2015+で導入された機能です。もともとJavaScriptでは、undefinedのときは引数を省略したとみなしてデフォルト引数を代わりに使うという手法がありました。デフォルト引数はその手法を構文に組み込んでシンプルに書けるようにしたというものです。

デフォルト引数は、関数を定義するときに、仮引数に=でデフォルト値を与えることで定義できます。これは、アロー演算子による無名関数の定義やメソッド

定義時にも使えます。

default-parameters.mts
```
// argのデフォルト引数は10
function f(arg = 10) {
  console.log(arg);
}
f(); // => 10
f(20); // => 20

// undefinedを明示的に渡してもデフォルト引数が使われます
f(undefined); // => 10
```

TypeScriptの場合は、デフォルト引数に加えて、省略可能な引数（optional parameters）も定義できます。省略可能な引数は、引数名の後ろに?を付けることで定義できます。省略可能な引数を省略して関数を呼び出すと、引数はundefinedになります。デフォルト引数を定義するときに、型注釈にはundefinedが現れませんが、実際の型はT | undefinedと等価です。

optional-parameters.mts
```
// 次のgはfとまったく同じ意味
// arg?の?はTypeScriptの構文で、argが省略可能でundefinedを許容するという意味
// このときargの型はnumber | undefinedと等しいです
function g(arg?: number) {
  if (arg === undefined) {
    arg = 10;
  }
  console.log(arg);
}

// OK. argはundefined
g(); // => 10

// OK. argは20
g(20); // => 20

// OK. 省略可能な引数には明示的にundefinedも渡せます
g(undefined); // => 10
```

TypeScriptのデフォルト引数を指定することは、ある引数の型が省略可能になることと完全に等しくなります。デフォルト引数の値それ自体は関数のシグネチャには現れません。

可変長引数

可変長引数 (rest parameters) は ES2015+ で導入された機能です。これもデフォルト引数同様に、ES5 以前から可変長引数を受け付ける関数を定義することはできました。可変長引数はその手法を構文に組み込んだものです。

たとえば、任意の個数の引数を受け取り、すべてを足し合わせた値を返す関数は次のように可変長引数を使って定義できます。

rest-parameters.mts
```
function sum(...args: ReadonlyArray<number>) {
  // argsは配列として受け取ります
  let value = 0;
  for (const arg of args) {
    value += arg;
  }
  return value;
}

// argsは配列ではなくリストとして渡します
console.log(sum(1, 2, 3)); // => 6
```

なお "rest parameters" は直訳すると「残りの引数」という意味で、その名前が示すように引数リストの末尾でしか使えません。たとえば、`function f(a, b, ...args)` という定義は可能ですが、`function f(...args, a, b)` という定義はできません。

可変長引数の型は配列型です。具体的には、`Array<T>`、`ReadonlyArray<T>`、あるいはタプル型を指定できます。引数に破壊的変更をするつもりがないのであれば、`ReadonlyArray<T>` を使うことをおすすめします。

 ## 3-9　スプレッド構文

スプレッド構文 (spread syntax) は、カンマ区切りリストが要求される場所に配列やオブジェクトを展開するための構文です。スプレッド構文は `...expr` という構文で使います。

 関数の引数に対するスプレッド構文

　関数の引数にスプレッド構文を与えることを考えます。まず、可変長引数を受け取る関数 sum(...args: ReadonlyArray<number>): number があるとします。この関数に、複数の値をリストで与えるのではなく、配列を与えたいとき、次のようにスプレッド構文で配列を展開して与えられます。

spread.mts
```
function sum(...args: ReadonlyArray<number>) {
  return args.reduce((total, n) => total + n, 0);
}

// リストを渡します
console.log(sum(1, 2, 3)); // => 6

// 配列を渡すときは、スプレッド構文を使います
const values = [1, 2, 3];
console.log(sum(...values)); // => 6
```

 配列リテラルに対するスプレッド構文 [...a]

　スプレッド構文は、関数の引数だけでなく、配列リテラルに対しても使えます。また、配列aがあるときに[...a]とすると、aのシャローコピーを作れます。

spread-array.mts
```
const values = [1, 2];

// 配列リテラルの初期化子としてスプレッド構文を使います
const values2 = [10, 20, ...values]; // [10, 20, 1, 2]

// リストの最初に置くこともできます
const values3 = [...values, 10, 20]; // [1, 2, 10, 20]
```

　また、配列リテラルに対するスプレッド構文は、配列だけでなく、反復可能なオブジェクト (iterable object) であれば何でも使えます。たとえば文字列は反復可能なオブジェクトなので、配列リテラルに対するスプレッド構文での展開が可能です。

spread-string.mts
```
const a = [..."hello🌀"];
console.log(a); // => [ 'h', 'e', 'l', 'l', 'o', '🌀' ]
```

なお、文字列の反復はユニコードのコードポイントごとに行われるので、日本語や絵文字も正しく一文字として処理されます。

 オブジェクトリテラルに対するスプレッド構文 {...o}

オブジェクトリテラルに対するスプレッド構文は、配列リテラルに対するスプレッド構文と似ていますが、次の例のようにオブジェクトを対象にします[注5]。

spread-object.mts
```
const o: Record<string, number> = { a: 1, b: 2 };

// プロパティが重複しているときは、あとから書いたもので上書きされます
// oのaが優先されるので a: 1 になります
const o2 = { a: 10, c: 3, ...o }; // { a: 1, c: 3, b: 2 }

// この場合は、a: 10 になります
const o3 = { ...o, a: 10, c: 3 }; // { a: 10, b: 2, c: 3 }
```

オブジェクトリテラルに対するスプレッド構文で使われるプロパティは、オブジェクトの列挙ルールに従います。スプレッド構文の対象としては任意の値が渡せますが、クラスオブジェクトや組み込みクラスのインスタンスはおそらく想定されたユースケースではありません。たとえば、次の例のように、`{...(new Date)}`は`{}`という空のオブジェクトに展開されます。また、ユーザー定義クラスのインスタンスは、クラスに紐づかないオブジェクトのようにプロパティを列挙します。

spread-object-extra.mts
```
const o1 = { ...new Date() }; // => {}
console.log(o1); // => {}

class Foo {
  a = 1;
  b = 2;
}
class Bar extends Foo {
  c = 3;
}
```

注5) `Record<string, number>`は「キーが文字列、値が数値のオブジェクト」という意味の組み込みユーティリティ型です。ここであえてRecordを使っているのは、これがないとo1の型が`{ a: 1, b: 2 }`になってしまい、o2の代入時にオブジェクトのキーが重複するというコンパイルエラーになるからです。

```
const o2 = new Bar();
console.log({ ...o2 }); // => { a: 1, b: 2, c: 3 }
```

配列型をオブジェクトにスプレッド構文で展開した場合は、次のように添字と値がペアになったオブジェクトのように振る舞います。これも有効なユースケースはほとんどないでしょう。

spread-object-array.mts
```
const o3 = { ...[10, 20] }; // => { '0': 10, '1': 20 }
```

一般的には、オブジェクトのスプレッド構文は「クラスに紐づかないオブジェクトにのみ使う」ものだと考えておけばよいでしょう。

3-10 分割代入

分割代入 (destructuring assignment) は、代入時に配列の要素やオブジェクトのプロパティを直接変数に代入する構文です。次のように、配列に対する構文とオブジェクトに対する構文があります。

destructuring.mts
```
// 配列の分割代入
const a = [1, 2, 3];
const [f, s, t] = a;
console.log({ f, s, t }); // => { f: 1, s: 2, t: 3 }

// オブジェクトの分割代入
const o = { foo: 10, bar: 20 };
const { foo, bar } = o;
console.log({ foo, bar }); // => { foo: 10, bar: 20 }
```

分割代入は関数の仮引数でもできます。なお、分割代入への型付けは少し冗長です。分割代入と型注釈両方でプロパティ名を書く必要があるからです。

```
destructuring-args.mts
function add({ x, y }: { x: number; y: number }) {
  return x + y;
}

console.log(add({ x: 10, y: 20 })); // => 30
```

なお、分割代入において、次の例のように{ x: number }のように書くと、numberは型ではなく変数名として解釈されます。つまり、これは分割代入時にプロパティ名ではなく別の名前を変数にするための記法です。

```
destructuring-rename.mts
// 次の記法はnumber型のxを宣言しているのではなく、
// xというプロパティにnumberという変数名を与えて代入しています
const { x: number } = { x: 10 };

console.log(number); // => 10
```

分割代入に型付けをするときは、中括弧や角括弧のあとに型注釈を書きます。慣れないうちは、次のように型注釈に別名を付けておくほうがよいかもしれません。

```
destructuring-typed.mts
// オブジェクトの分割代入
type XY = { x: number; y: number };
const { x, y }: XY = { x: 10, y: 20 };
console.log({ x, y }); // => { x: 10, y: 20 }
```

配列に対する分割代入にも型注釈を付けることができます。ReadonlyArray<T>のほか、Array<T>やタプルなどの配列型を注釈に使えます。

```
destructuring-typed-array.mts
// 配列の分割代入
const [a, b]: ReadonlyArray<number> = [10, 20];
console.log({ a, b }); // => { a: 10, b: 20 }
```

分割代入は、とくにタプルと組み合わせて多値の返却として使うことがあります。たとえば、React Hooksは分割代入を前提としたインターフェース設計となっています。

次のコードはReact Hooksのドキュメントに出てくる最初のコード例です。このコードではuseState<T>()は、単純化すると[T, (state: T) => void]というタプルを返す関数です。

destructuring-tuple.mtsx
```
import React, { useState } from "react";

function Example() {
  // Declare a new state variable, which we'll call "count"
  const [count, setCount] = useState(0);
  return (
    <div>
      <p>You clicked {count} times</p>
      <button onClick={() => setCount(count + 1)}>Click me</button>
    </div>
  );
}
```

3-11 条件分岐

　TypeScriptはJavaScriptと同様にif文とswitch文の条件分岐文があります。この2つの条件分岐文の意味は、JavaScriptのそれとまったく同じですが、TypeScriptではプログラムの論理の流れ（フロー）に応じて型が解析され、プログラムのフローに応じて変数の型が変化することがあります。

 if文

　if文は条件によってプログラムを分岐させます。たとえば、次のプログラムはxが偶数のときにifブロックを、それ以外（つまりxが奇数）のときにelseブロックを実行します。

if-statements.mts
```
function f(x: number): void {
  if (x % 2 == 0) {
    // ifブロック
    console.log(`${x}は偶数です`);
  } else {
    // elseブロック
    console.log(`${x}は奇数です`);
  }
}
```

61

```
f(10); // => 10は偶数です
f(11); // => 11は奇数です
```

このとき、if文の条件式が、ある値の型を限定させる型チェック含む場合、ifブロックの中ではその値の型が限定されます。

たとえば、typeof x === "string"という条件は、xという変数の型がstring型であることをチェックします。このとき、if (typeof x === "string")のifブロックではxはstring型に推論されます。そしてelseブロックでは、もともとの可能性のある型の集合からstringを取り除いた型に推論されます。この型を限定させるチェックをタイプガード (type guard)、ifブロックなどの分岐ブロックで型が限定される振る舞いをナローイング (narrowing) と呼びます。

if-narrowing.mts
```
function f(x: string | number | null) {
  // x は string または number
  if (typeof x === "string") {
    // ifブロック内ではxはstring型に推論されます
  } else {
    // elseブロックではもともとの型の集合 (string, number, null) から
    // stringを除いた集合、つまりnumber | nullに推論されます
  }
}
```

3-12　for-ofループ文とイテレータ

for-of文は、反復可能オブジェクト (iterable objects) をイテレータ (iterator object) に基づいて繰り返しを行うループ構文です。たとえば、配列は反復可能オブジェクトなので、for-of文で要素を列挙できます。たとえば、次の例のように使います。

for-of.mts
```
const a = [10, 20, 30];

for (const item of a) {
  console.log(item); // => 10, 20, 30の順で出力
}
```

このfor-of文は、反復可能オブジェクトやイテレータを操作する糖衣構文で、実際には次のような操作が裏で行われます。

iterator.mts
```
const a = [10, 20, 30];

const iterator = a[Symbol.iterator]();
while (true) {
  const { value: item, done } = iterator.next();
  if (done) {
    break;
  }

  console.log(item); // => 10, 20, 30の順で出力
}
```

つまり、[Symbol.iterator](): Iterator<T>メソッドを持つオブジェクトがあればそれが反復可能オブジェクトであるとみなされて、その反復可能オブジェクトをイテレータのnext( ): { value: T, done: boolean }メソッドを通じて反復するのがfor-of文です。

反復可能な最小限のオブジェクトを定義するなら、たとえば次のようになるでしょう。

iterable.mjs
```
const iterable = {
  [Symbol.iterator]() {
    // 10, 20, 30の順でvalueを返すiteratorを生成します
    return {
      value: 0,
      next() {
        if (this.value < 30) {
          this.value += 10;
          return { value: this.value, done: false };
        } else {
          // イテレータの終了はdone: trueで伝えます
          return { value: undefined, done: true };
        }
      },
    };
  },
};

for (const item of iterable) {
```

```
    console.log(item); // 10, 20, 30 の順で表示します
}
```

組み込みの反復可能オブジェクトは配列や型付き配列 (Typed Arrays)、Set、Mapなどです。ブラウザのオブジェクトではNodeListなどが反復可能オブジェクトです。

TypeScriptはfor-of文と反復可能オブジェクトの関係を知っており、反復可能オブジェクトの型を実装したオブジェクトのみfor-of文で受け付けます。たとえば`for (const a of {}){ /* ... */ }`は、オブジェクトリテラルの`{}`が反復可能オブジェクトでないためにコンパイルエラーになります。

3-13 async/awaitによる非同期処理

async/awaitは、非同期処理を同期処理のように扱える構文です。async/awaitはES2015+の機能のなかでも比較的新しいものですが、現代では非同期処理をするための前提と考えてよいでしょう。ただし、TypeScriptとして気にすることはあまり多くありません。async/awaitそのものについては本書では解説しませんが、TypeScriptの組み合わせ方については本節で解説します。

まず、async関数はPromiseを返す普通の関数です。次のように、Promiseを返す関数型に代入できますし、Promiseを返す関数として普通に使うことができます。

async-function.mts
```
async function asyncFunc() {
  return "value";
}

// 引数をとらずPromise<string>を返す関数として扱えます
const promiseFunc: () => Promise<string> = asyncFunc;

promiseFunc().then((v) => {
  console.log(v); // => value
});
```

このasyncFuncを、asyncキーワードを使わずに定義すると次のようになります。

async-function-without-async-keyword.mts
```
function asyncFunc() {
  return Promise.resolve("value");
}

asyncFunc().then((v) => {
  console.log(v); // => value
});
```

なお、awaitキーワードを使えるのは、次のようにasync関数の中およびESモジュールファイルにおける関数の外（トップレベル）だけです。

await-in-promise-function.mts
```
async function asyncFunc() {
  // これはOK
  // awaitキーワードはasync関数の中は使えます
  const value = await Promise.resolve("foo");
  console.log(value); // => foo
}

// これもOK
// ESモジュールファイルではトップレベルでもawaitキーワードを使えます
console.log(await Promise.resolve("bar")); // => bar
```

なお、ESモジュールをCommonJSに変換する場合は、トップレベルのawaitは使えなくなります。トップレベルのawaitは便利なので、可能な限りなるべくESモジュールを変換せずに使いたいところです。

通常の関数内ではawaitキーワードは使えません。その関数がPromiseを返すとしてもawaitはできません。次のように、awaitキーワードを使おうとするとTypeScriptコンパイラがエラーを報告します。

await-in-promise-function.error.mts
```
function promiseFunc() {
  // これはコンパイルエラー
  // awaitキーワードはasync関数の中でしか使えません
  return await Promise.resolve("value");
}
// [TS1308]: 'await' expressions are only allowed within async ⏎
  functions and at the top levels of modules.
```

第 4 章 型演算の基本

4-1	JavaScriptの動的型の概要	4-11	交差型 / Intersection Types
4-2	TypeScriptの静的型の概要	4-12	余剰プロパティチェック / Excess Property Checks
4-3	any型	4-13	ナローイングと型ガード
4-4	unknown型	4-14	型アサーションのas演算子
4-5	void型	4-15	as const演算子
4-6	never型	4-16	non-nullアサーション演算子
4-7	オブジェクト型	4-17	ユーザー値技の型ガードを実装する述語関数
4-8	クラス型	4-18	ナローイングを起こすためのアサーション関数
4-9	型を引数として受け取るジェネリクス	4-19	satisfies演算子
4-10	共用体型 / Union Types		

本章ではいよいよ本格的にTypeScriptの型システムを見ていきます。

TypeScriptの型システムは「静的型付け」、つまりコンパイル時に型検査が行われる型システムです。これに対してJavaScriptは「動的型付け」、つまり実行時にのみ型検査が行われます。型検査により、値と変数の型の不一致などの型レベルのプログラムの不整合を発見できます。

TypeScriptの実行はJavaScriptとして行われるため、JavaScriptの動的型付けの特徴も継承しています。そして、実行時にはTypeScriptの型システムはすべてコードから取り除かれます。これはTypeScript固有の型システムはTypeScriptのコンパイル時のみに影響するということです。これはTypeScriptの型システムの大きな特徴と言えるでしょう。

4-1　JavaScriptの動的型の概要

それではまず、JavaScriptの型や実行時の型検査についておさらいします。JavaScriptの型は実行時にある値がとる特性といえます。この特性について本書では「動的型」と呼びます。TypeScriptは実行時はJavaScriptとして振る舞うので、「JavaScriptの動的型」は「TypeScriptの動的型」でもあります。

JavaScriptの動的型は、大きく分けるとプリミティブ型、オブジェクト型、配列型、関数型があります[注1]。

プリミティブ型(primitive types)の値は、文字列(string)、数値(number)、ブール値(boolean)、多倍長整数(bigint)、シンボル(symbol)、ヌル値(null)、そして未定義値(undefined)があります。すべて単体で独立した値、つまりスカラー値なので、スカラー型と呼ぶこともありますが、本書では「プリミティブ型」、およびその値の「プリミティブ値」という用語を使います。すべてのプリミティブ型は、変更不能(immutable)という特徴を持っています。

オブジェクト型は名前と値のペアであるプロパティをゼロ個以上持つ集合型(collection type)です。あるオブジェクトは、ほかの値や振る舞い(メソッド)をプロパティとして内包します。なおオブジェクトに紐づいた値とメソッドは両

注1)　この区分はECMA-262に準拠した分け方ではなくて、TypeScriptでの理解をふまえた分け方になっています。ECMA-262では「プリミティブ値」と「オブジェクト」という分け方になっています。

方ともプロパティですが、本書では前者をプロパティ、後者をメソッドとして呼ぶことが多いです。オブジェクトはデフォルトでは変更不能ではありません。

配列型も複数の値を持つ集合型ですが、オブジェクトとは異なり、名前ではなく添字 (index) で要素の値にアクセスします。実際には配列もオブジェクト型の一種なので、オブジェクトに紐づいたプロパティやメソッドも持ちます。

関数型は、関数を値として扱うときの型です。関数型もオブジェクト型の一種なので、オブジェクト型の性質も同時に持っています。たとえば、関数オブジェクトのcallメソッドやapplyメソッドを呼ぶことで、その関数オブジェクトを起動できます。なお、関数型の値は、「関数値」ではなく、「関数」または「関数オブジェクト」と呼ぶことが多いです。

JavaScriptの動的型は、すべてTypeScriptに対応する静的型があります。むしろ、TypeScriptの静的型は、当初からJavaScriptの動的型を表現できるように設計され、JavaScriptの動的型の変化を追いかけるように改善が続けられています。

4-2 TypeScriptの静的型の概要

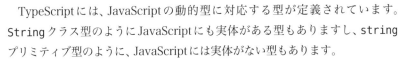

TypeScriptには、JavaScriptの動的型に対応する型が定義されています。Stringクラス型のようにJavaScriptにも実体がある型もありますし、stringプリミティブ型のように、JavaScriptには実体がない型もあります。

いずれにしても、TypeScriptの型はTypeScriptコンパイラによってのみ処理されます。TypeScriptの型がJavaScript処理系に渡されることはありません。つまり、TypeScript固有の型に関するコードが、実行時の振る舞いに影響を与えることはありません。

 構造型 / Structural Typing

ところで、TypeScriptの型システムは構造型 (structural typing) を採用しています。これは、型の構造が同じであれば、型の名前が異なっていても、相互に代入可能となります。次の例のクラスCと型Tの構造は同じなので、相互に代入可能です。なお、クラスCのコンストラクタはインスタンスのインターフェース

69

とはみなされないので、構造の互換性には影響を与えません。

structural-typing.mts

```
// クラスCの定義と、TypeScriptの型Cの宣言
class C {
  name: string;

  constructor(name: string) {
    this.name = name;
  }
}

// 型Tの宣言
type T = {
  name: string;
};

// TとCは同じ構造なので、キャストすることなく相互に代入が可能です
const t: T = new C("instance of C");
const c: C = t;

console.log(t); // C { name: 'instance of C' }
console.log(c); // C { name: 'instance of C' }
```

　また、ある構造CとそのサブセットTがあるとき、T型の値はC型の変数に代入できます。たとえば、次のようなスクリプトは正常にコンパイルできます。

structural-typing-subset.mts

```
class C {
  name: string;
  age: number;

  constructor(name: string, age: number) {
    this.name = name;
    this.age = age;
  }
}

// TはCのサブセット（Cと比べるとageがない）
type T = {
  name: string;
};

// TはCのサブセットなので、C型の値はT型の変数に代入できます
const t: T = new C("instance of C", 42);
```

このとき、T型の値はC型の変数に代入できません。C型の構造はT型と一致せず、サブセットでもないからです。次のコードはコンパイルエラーになります。

structural-typing.error.mts

```
// コンパイルエラーになる例
class C {
  name: string;
  age: number;

  constructor(name: string, age: number) {
    this.name = name;
    this.age = age;
  }
}

// TはCのサブセットだが、逆は真ではない（Cと比べるとageがない）
type T = {
  name: string;
};

const t = {
  name: "instance of T",
};

const c: C = t;
// [TS2741]: Property 'age' is missing in type 'T' but required
  in type 'C'.
// 訳: 'age'プロパティがT型に欠けていますが、C型には必須です
```

このような型システムを構造型といいます。ほかのプログラミング言語では、Go言語が構造型を採用しています。また、JavaScriptなどの動的型付け言語は、暗黙の構造型を採用していると考えることもできます。動的型付け言語の文脈では、構造型とほとんど同じ意味で、ダックタイピングという用語が使われることもあります。

 公称型 / Nominal Typing

構造型に対して、公称型 (nominal typing, name-based typing) という型システムもあります。公称型では、代入可能性について、型の構造ではなく型の名前（正確には名前が参照する実体そのもの）が参照されます。つまり、型の構造が一致していても、名前や定義された場所が違えば、互いに代入不能です。

TypeScriptの型システムは公称型ではありませんが、JavaやC++やRustなど、公称型を採用しているプログラミング言語も多数あります。そのため、公称型に慣れていると、次のコードのコンパイルが通ることが意外に感じられるかもしれません。

not-nominal-typing.mts

```
// 構造型を採用しているTypeScriptではコンパイルが通る例
// ArrayLikeTypeは、lengthを持ち、number型のインデックスシグネチャを持つ配
列のような型
type ArrayLikeType<ElementType> = {
  length: number;
  [n: number]: ElementType;
};

// 配列のような型について、要素をすべてconsole.logで印字する関数
function printArrayLikeTypeElements<T>(arrayLike: ArrayLikeType
<T>) {
  for (let i = 0; i < arrayLike.length; i++) {
    console.log(arrayLike[i]);
  }
}

// 文字列は添字アクセスができてlengthプロパティもあるので、ArrayLikeType
<string>に代入可能です！
// 1行に一文字ずつ "f", "o", "o" が印字されます
printArrayLikeTypeElements("foo");
```

TypeScriptが構造型を採用したのは、動的型付け言語であるJavaScriptの振る舞い（セマンティクス）をそのままで静的型を付けるためだと思われます。また、構造型は、JavaScriptプログラマーにとって馴染みやすいメンタルモデルでもあります。これは筆者の感覚ですが、構造型は、動的型付けにおける型のメンタルモデルである「ダックタイピング」と同じメンタルモデルで型を設計できます。ダックタイピングは「もしもそれがアヒルのように歩き、アヒルのように鳴くのなら、それはアヒルに違いない」と説明され、型の名前や実体ではなく構造にのみ注目するというメンタルモデルです。

 漸近的型付け / Gradual Typing

TypeScriptの型付けは、漸近的型付け (gradual typing) と呼ばれることもあります。漸近的型付けは、静的型付けのコードと動的型付けのコードを混在さ

せられる型システムです。

この性質が役にたつのは、既存のJavaScript資産をTypeScriptに書き換えるときです。完全な静的型付け言語であれば、すべての変数と関数に正確な型付けをしなければ動作するようにはなりません。しかし、TypeScriptの場合は、`noImplicitAny`を無効化して型注釈を省略したときにanyとみなすようにし、TypeScriptコンパイラによるオプションのチェックを無効にすることで、JavaScriptのコードをほとんどそのままでTypeScriptとして動かせます。JavaScriptプロジェクトのTypeScript化では、すべて正確に型付けをすることよりも、まず「TypeScript化の完了」を目指すことが重要なマイルストーンとなります。その場合は、TypeScriptの型システムによるチェックを最小限に抑えることで、TypeScript化の完了を早めることができます。

なお、tsconfigで`noImplicitAny`の有効化を含むすべてのstrict系オプションを有効化した場合でも、明示的にany型を使えば型チェックを抑制できます。TypeScriptの型システムにそれほど詳しくなくても、型チェックでおきる問題をany型で後回しにできるというのは、TypeScriptを使いやすくしている要因のひとつでしょう。

4-3 any型

さて、型システムの詳細や特殊な型の詳細に入ります。any型は、どのような操作も許される特殊な型です。また、任意の値をany型として扱えます。

言い換えれば、ある値について、コンパイル時にまったく型検査を行わないようにする型です。これまでTypeScriptにおける静的型の恩恵を強調してきましたが、一方でそれは「TypeScriptに移植したら、JavaScriptのコードそのままではコンパイルエラーが起きる」ということもありえます。anyを使うことで、そのメリットもデメリットも完全に捨てられます。

次のようなコードで、型検査が行われないことを確認できます。

any.mts

```
const str: any = "foo";

// StringにnothingToDo()というメソッドは存在しないので
// : anyがなければ次の行はコンパイルエラーになりますが、
```

```
// any型なので実行時にのみエラーが報告されます
str.nothingToDo();
```

　実行についてもおさらいしておきましょう。このような単発スクリプトは
tsimpコマンドを使うと簡単に実行できるのでした。

```
$ npx tsimp any.mts
```

　実行結果は次のようになるでしょう。

```
/path/to/any.mts:8
str.nothingToDo();
    ^
TypeError: str.nothingToDo is not a function
    at Object.<anonymous> (/path/to/05-any.ts:8:5)
(以下TypeScriptコンパイラのスタックトレース)
```

　「str.nothingToDo is not a function」(str.nothingToDoは関数ではありませ
ん) というメッセージが実行時エラーを示しています。これは、TypeScriptコン
パイラではなくJavaScript処理系によって出力されたメッセージです。
　これに対して、型注釈である：anyを消すと、エディタ上でエラーが指摘され
るはずです。また、tsimpコマンドで実行すると次のようなコンパイルエラーに
なります[注2]。

```
$ npx tsimp any.mts
(...)
examples/any.mts:8:5 - error TS2339: Property 'nothingToDo' ⏎
 does not exist on type '"foo"'.

8 str.nothingToDo();
      ~~~~~~~~~~~
(以下TypeScriptコンパイラのスタックトレース)
```

　「Property 'nothingToDo' does not exist on type '"foo"'」(プロパティ 'nothing
ToDo' は "foo" に存在しません) というメッセージがコンパイルエラーを示して
います。これはTypeScriptコンパイラによって出力されたメッセージです。

....
注2) tsimpを使っていると、TypeScriptコンパイラが出したコンパイルエラーなのかnodeコマンドが出
　　した実行時エラーなのかがわかりにくいことがあります。TypeScriptコンパイラによるコンパイル
　　エラーの場合、エラーメッセージに「error TS####」(####は数値) というエラーIDが含まれています。

　このように、any型によってコンパイルエラーを抑制すると、本来コンパイル時に発見できるはずのエラーが起きなくなります。その代わり、型情報のない値でもどのような操作でも行えます。つまりany型は、ある値をJavaScriptの実行時型検査のもとでのみ実行させるための型であるとも言えます。

　any型を使う場面はいくつかあります。ひとつは、実装初期で具体的な型を決められない、あるいは決めたくないときです。ただし、any型にするとエディタのコード補完が効かなくなるので、この用途でany型を使うことはほとんどありません。いずれかの具体的な型を先に設計するほうがよいでしょう。

　もうひとつは、何らかの事情[注3]により具体的な型を記述できない、あるいはしにくいときです。そういう場面では、一度深呼吸して「TypeScriptの型は実行時には影響を与えない」というおまじないを心の中で唱えながらany型を使いましょう。また、可能であればその理由をコメントに書いておくとよいでしょう。このようなゆるさもTypeScriptを強力にしている機能なのです。

4-4　unknown型

　unknown型も特殊な型です。any型のように任意の値をunknown型として扱えますが、any型とは違ってどのような操作も許されないのです。unknown型に対して何か操作をする場合は、型ガードで型を特定するか、型アサーションで特定の具体的な型に変更する必要があります。

　unknown型は、any型と違って具体的な操作の対象にできないため、any型よりも安全です。any型の場合は、プログラマーがどういう型を想定して操作しているかがコードから推測できません。それに対して、unknown型の場合は、何か操作するためには具体的な型に変更する必要があるため、プログラマーがどういう型を想定して操作しているかがコードをみるだけで自明なのです。次の例を見てください。

注3）TypeScriptコンパイラの制限やバグ、依存ライブラリの制限やバグ、あるいは自身のスキル不足などが考えられます。

```typescript
// TypeScript

// any型の場合
try {
  // ...
} catch (err: any) {
  // errはany型なので、err.messageなどの操作が許されます
  // しかし、プログラマーがなぜerr.messageが動くと考えたのかは自明ではありません
  console.warn(err.message);
}

// unknown型+型アサーションの場合（型安全ではない）
try {
  // ...
} catch (err: unknown) {
  // errはunknown型なので、err.messageなどの操作は許されません
  // しかし、errを具体的な型であるErrorに型アサーションで変更することで、err.
message などの操作が許されます
  // ただし、型アサーションは型安全ではなく、このコードが通るかどうかはわかりません
  console.warn((err as Error).message);
}

// unknown型+型ガードの場合（型安全である）
try {
  // ...
} catch (err: unknown) {
  if (err instanceof Error) {
    // 型ガードによって、errはError型にナローイングされます
    // errはError型なので、err.messageなどの操作が許されます
    console.warn(err.message);
  } else {
    // errの中身に想定外の値が入っているので、とりあえずエラーにして投げておきます
    throw new Error(`Unexpected error: ${err}`);
  }
}
```

　any型と比べると、unknown型を使うときはコードが冗長になりますが、そのぶんプログラマーがどういう型を想定して操作しているかがコードから自明になります。また、無条件の型アサーションは型安全ではないため、型ガードを行うべきであるという直感も働きやすくなっています。現代のTypeScriptプログラミングでは、なるべくany型は避けてunknown型を使うほうがよいでしょう。

　ところで、TypeScriptの初期にはunknown型がなかったため、型を特定できない場合にデフォルトでany型が与えられることがありました。たとえば、

catch(err)文の例外変数errのデフォルトの型はany型でした。現在は、TypeScriptのstrictオプションを有効化すると、catch文の例外変数のデフォルトの型はunknown型です[注4]。また標準ライブラリの多くの場所でany型からunknown型への書き換えが行われています。

4-5 void型

　void型は関数に戻り値がないことを明示するために使います。関数の戻り値は指定しなければ関数の本体のreturn文から推論されるため、関数の本体に引数なしでreturn;という文を書けばその関数の戻り値はvoid型に推論されます。
　void型の式や変数を作ることはできますが、実用的に使える場面はないでしょう。

4-6 never型

　never型は、ほかのどの型でもない型です。never型に対応する値はありません。never型の値は存在しませんが、undefined as any as neverのように、any型を介する型アサーションによって任意の値をnever型として扱うことはできます。
　never型の用途は、3つあります。
　第一の用途は、呼び出し元に戻らない関数の戻り値として使うというものです。たとえば、次のdie()関数の戻り値をnever型にすることで「必ず例外を投げ、呼び出し元に戻らない」ことを表現できます。die()のように戻り値がnever型の関数を呼び出したあとのコードは「到達不能なコード」(unreachable code)として扱われます。到達不能コードは、デフォルトではエディタ上で薄く表示され、tsconfig.jsonのallowUnreachableCodeオプションをfalseにするとコンパイルエラーとして扱われるようになります[注5]。

注4) TypeScript 4.4からuseUnknownInCatchVariablesというオプションでcatch文の例外変数のデフォルトの型をunknown型にできるようになりました。この設定はTypeScriptのstrictオプションに含まれます。

注5) allowUnreachableCodeオプションを有効にするべきかどうかは議論の余地があります。筆者の個人的な嗜好では、警告はしてほしいもののコンパイルエラーにまでする必要はないと思っています。

```
                                                                never.mts
function die(message: string): never {
  throw new Error(message);
}

function foo() {
  die("I'm dying here!");

  // 次の文は「unreachable code」として判定され、エディタ上では色が薄くなります
  // また、allowUnreachableCode: falseのもとではコンパイルエラーになります
  console.log("Hello, world!");
}
```

　第二に、never型は、ナローイングによって該当する型がなくなったときに与えられます。このとき、never型は「このようにはならないはず」ということを示すマーカーであり、実際に何らかの値がnever型になるわけではありません。これは「ナローイング」で具体的に解説します。

　第三に、never型は型の集合演算をする際の「空集合」として使います。これは「共用体型」および「交差型」で具体的に説明します。

　なお、never型はvoid型やundefined型とはまったく別のものです。void型は「関数の戻り値がない」ことを示します。undefined型は、未初期化の変数のデフォルト値、あるいはundefinedという単一の値に対応する型です。never型に対応する値はありません。

 ## 4-7　オブジェクト型

　オブジェクト型は、基本的な型ながら多義的です。広義ではnullとundefined以外のすべての型です。狭義には、オブジェクトリテラルに似た構文の型定義によって定義する型です。広義のオブジェクトは、単体では意味を成さないほど適用範囲が広いので、本書では狭義の意味で使います。オブジェクト型を定義する方法は複数あります。ここでは、オブジェクトリテラル的な構文とinterface宣言の2つを詳解します。

 オブジェクトリテラル的な構文による型定義

オブジェクト型はまず、次のようにオブジェクトリテラルに似た構文で定義できます。

object-literal-types.mts
```
// Dinosaur（恐竜）型の定義。Dinosaurは、種の名前（name）と生息時期
 (period) を持ちます
type TDinosaur = {
  name: string;
  period: string;
};

// 型注釈で使う
const ankylosaurus: TDinosaur = {
  name: "アンキロサウルス",
  period: "白亜紀",
};
```

このとき、`type TDinosaur =`は型にDinosaurという別名を与える構文で、型の実体は`{ ... }`だけです。つまり、次のように、この`{ ... }`を直接型注釈として使うこともできます。

object-literal-types-as-annotations.mts
```
// アンキロサウルスは、恐竜の一種で、白亜紀に生息しました
const ankylosaurus: {
  name: string;
  period: string;
} = {
  name: "アンキロサウルス",
  period: "白亜紀",
};
```

 interface宣言による型定義

また、interface宣言によってJavaScriptのクラスに似た構文で定義することもできます。interface宣言には名前が必須です。

interface宣言は次のように行います。

interface-types.mts
```
// 定義
interface IDinosaur {
  name: string;
```

```
  period: string;
}

// 使用
const ankylosaurus: IDinosaur = {
  name: "アンキロサウルス",
  period: "白亜紀",
};
```

interface型は、同じ名前で複数回定義することで、型のマージが行われます。次の例では、IDinosaur型を2回定義していますが、これは同じ型として扱われます。

interface-merging.mts
```
// IDinosaur型の定義
interface IDinosaur {
  name: string;
}
//  二度目のIDinosaur型の定義は、最初のIDinosaur型にマージされます
interface IDinosaur {
  period: string;
}

// IDinosaur型は、nameとperiodの2つのプロパティを持ちます
const ankylosaurus: IDinosaur = {
  name: "アンキロサウルス",
  period: "白亜紀",
};
```

 オブジェクト型におけるメソッドの定義

オブジェクト型は、メソッドを持つこともできます。ただし型しか持てないため、メソッドの実装を定義することはできません。

メソッド定義の構文はメソッドスタイルとプロパティスタイルの2種類があります。TypeScriptの型定義における実用上はどちらも同じですが、JavaScriptレベルでは異なります。本書では主にJavaScriptレベルの挙動に合わせてメソッドスタイルの型定義を採用します。

object-method-types.mts
```
// メソッドを持つオブジェクト型の定義
type TDinosaur = {
```

```
  name: string;
  period: string;

  // メソッドスタイルでの型定義
  // このメソッドは、引数を取らず、booleanを返します
  isExtinct(): boolean;

  // プロパティスタイルでの型定義
  // このメソッドもisExtinct()と同様に引数を取らずbooleanを返します
  isAnimal: () => boolean;
};
```

オブジェクト型はTypeScriptにおける型定義の基本にして奥義です。ジェネリクスや型関数などの高度な型演算においても、オブジェクト型を使うのが基本となります。

4-8 クラス型

JavaScriptのクラス構文で定義したクラスは、そのまま同名のTypeScriptの型も定義されます。

class-types.mts

```
// JavaScriptのクラス構文で"Dinosaur"クラスを定義すると、
// TypeScriptでも同名のクラス型として定義されます
class Dinosaur {
  name: string;
  period: string;

  constructor(name: string, period: string) {
    this.name = name;
    this.period = period;
  }

  // JavaScriptのクラス定義なので、メソッドの実体を定義できます
  isExtinct(): boolean {
    return true;
  }
}

// Dinosaur型はTypeScriptの型注釈に利用できます
const ankylosaurus: Dinosaur = new Dinosaur("アンキロサウルス", "白亜紀");
```

ところで、この例でコンストラクタ (constructor) を定義しているのは、TypeScript の strict モード（正確には `strictPropertyInitialization: true`）のもとでコンパイルが通るようにするためです。あるクラス C が non-null の型 T をプロパティとして持つとき、`strictPropertyInitialization` が有効だと、コンストラクタ内で non-null プロパティを初期化することが必須になります。これは、コンストラクタでプロパティを初期化するか、プロパティ定義時に初期化されていないプロパティは undefined になり、型注釈と不整合になるからです[注6]。コンストラクタを定義しないときのコンパイルエラーは次のようになります。

strict-property-initialization.error.mts
```
// このコードはstrictモードでコンパイルエラーになります
class Dinosaur {
  // コンストラクタを定義しないと、プロパティ定義がコンパイルエラーになります
  name: string;
  //  ^
  // error TS2564: Property 'name' has no initializer and is ↵
 not definitely assigned in the constructor.

  period: string;
  //  ^
  // error TS2564: Property 'period' has no initializer and is ↵
 not definitely assigned in the constructor.
}
```

 implements 句

class や interface キーワードによって型を定義するとき、implements 句によって新規に定義する型 T が別の型 I を実装することを宣言する、あるいは T が I に代入可能であることを保証させることができます。

たとえば、MyList クラスを定義して、TypeScript 組み込みの Iterable インターフェースを実装するときは、次のように宣言します。

mylist-implements-iterable.mts
```
class MyList<T> implements Iterable<T> {
  /* MyListの実装は省略 */
```

注6) strictPropertyInitialization がデフォルトで有効でないのは、これが TypeScript 2.7 で追加されたオプションだからです。新しい種類の型チェックをデフォルトで有効にすると既存のコードがコンパイルできなくなるため、TypeScript ではほとんど常にオプションとして実装されます。新しく書くコードでは strict モードを有効にするべきですし、このオプションは strict モードに含まれるため、常に有効であると考えてよいでしょう。

```
  // [Symbol.iterator]は、Iterable<T>が実装を要求するメソッド
  [Symbol.iterator](): Iterator<T> {
    throw new Error("実装は省略");
  }
}
```

なお、TypeScriptの型システムは構造型なので、すべてのimplements句は、単に削除しても正常に動きます。それでもimplements句が便利なのは、次の2点からです。いずれも`class T implements I`または`interface T implements I`という関係であることとします。

- 開発中、型Iにあって型Tにないメソッドやプロパティを型チェックできる
- 型Tの利用者は、型Tの宣言を見て型Tが型Iを実装していることを確信できる

先の例でいうと、Iterableはfor-ofループを実装するためのインターフェースですから、開発者はこの宣言を最初にすることで、コンパイラからどのようなメソッドを実装すべきか教えられながらプログラムを書けます。また利用者は、この宣言を見るだけで「MyListはfor-ofループで反復処理できそうだ」ということがわかります。

つまりimplements句は、プログラムにとって本質的に必要というわけではないものの、あるコードの開発者にとってもそのコードの利用者にとっても都合がよいのです。TypeScriptで開発する際は、適切にimplements句でインターフェースの実装を宣言することをおすすめします。

4-9 型を引数として受け取るジェネリクス

ジェネリクス (generics) とは、静的型付け言語におけるジェネリックプログラミングをサポートするための機能です。ジェネリックプログラミングとは、ある型や関数が、型を引数として受け取ることです。ジェネリクスによって、具体的な型だけではなく、抽象的な型を扱うコンテナ型や関数を定義できます。なお、ジェネリクスの文脈で「具体的な型」とは、ソースコード上に直接定義が現れる

型で、「抽象的な型」はソースコード上に直接定義が現れない型です。

たとえば、標準ライブラリにおけるコンテナ型のひとつArray<T>型は、要素の型Tを型引数として受け取るジェネリック型です。このT型引数は具体的な定義が存在しない抽象的な型ですが、抽象的な型をそのまま配列の要素型として扱っています。この「Array<T>型」、も定義の一部に抽象的な型であるT型引数があるため、抽象的な型です。

また、関数もジェネリクスによって型引数をとるよう定義できます。たとえば、Array.of<T>()メソッドはジェネリック関数です。このメソッドの正確なシグネチャはArray.of<T>(...items: Array<T>): Array<T>で、複数のT型の値を引数として受け取ってArray<T>を返すメソッドです。使い方は次の通りです。

generic-functions.mts

```
// Array<number>型のインスタンス[1, 2, 3]を生成します
const array = Array.of<number>(1, 2, 3);
console.log(array); // => [ 1, 2, 3 ]

// 型引数が自明なときは、型推論に任せて型引数を省略してもよいです
const array2 = Array.of(1, 2, 3);
```

ジェネリクスは、型引数を受け取って具体的な型や関数を返す「型関数」と考えることもできます。標準ライブラリとして提供されているArray<T>は、具体的な型引数を受け取ってそれを要素とする配列型（たとえばArray<string>やArray<number>）を出力する型関数と考えられますし、組み込みのユーティリティ型[注7]は、まさに型を操作するための型関数です。次の例のReturnType<FuncType>はユーティリティ型の一つで、関数型FuncTypeの戻り値の型を返します。

generic-types.mts

```
// (a: number) => boolean型の戻り値型はboolean型なので、ReturnType1は ⏎
boolean型になります
type ReturnType1 = ReturnType<(a: number) => boolean>;
// => boolean

// Array.of<number>()の戻り値型は、number[]型（Array<number>）なので、
// ReturnType2はnumber[]型になります
type ReturnType2 = ReturnType<typeof Array.of<number>>;
// => number[]
```

....

注7) https://www.typescriptlang.org/docs/handbook/utility-types.html

このようにジェネリクスの用途は多岐に渡りますが、実はジェネリクスはまったく使わなくてもTypeScriptプログラミングは可能です。ジェネリクスの型引数をなくして、型引数だった型をanyに置き換えればよいのです。しかし、それではTypeScriptの強力な型チェックの恩恵を受けられません。言い換えれば、ジェネリクスはコンパイル時の型チェックを強化するためだけに存在する機能といえます。

なお、TypeScriptのジェネリクスは、型注釈や型アサーションと同様に、コンパイル後のJavaScriptにはまったく影響を与えません[注8]。型関数を実行した結果を`console.log()`などで出力することもできません。しかし、エディタで型や変数にカーソルを当てると、型関数の結果を実際にみることができます。

コンストラクタシグネチャ

コンストラクタシグネチャは、オブジェクト型においてコンストラクタのシグネチャを定義するための構文です。JavaScript/TypeScriptのクラス定義では`constructor`という名前でコンストラクタを定義します。しかし、型定義においては、次の例のように`new`キーワードを使います。

constructor-signature.mts

```
type AnyArgs = ReadonlyArray<any>;

// 任意の型・任意の数の引数を受け取り、指定された型変数Tを返すジェネリックなコンス↵
トラクタ型
type Constructor<T> = new (...args: AnyArgs) => T;

// 任意のクラスオブジェクトを受け取り、インスタンスを作成して返す関数
function createInstance<T>(ctor: Constructor<T>, ...args: ↵
 AnyArgs): T {
  return new ctor(...args);
}

class Point {
  readonly x: number;
  readonly y: number;

  constructor(x: number, y: number) {
    this.x = x;
```

注8) ジェネリクスがコンパイル結果に影響を与えるかどうかはプログラミング言語によりますが、まったく影響を与えないプログラミング言語は珍しく、TypeScriptくらいでしょう。残念ながら、これはTypeScriptプログラミングにおける強い制限にもなっています。

```
    this.y = y;
  }
}

const c = createInstance(Point, 10, 20);
console.log(c); // => Point { x: 10, y: 20 }
```

なお、このコンストラクタシグネチャは、implements句でインターフェースを実装するときにはチェックの対象になりません。implements句によってチェックされるのは「クラスのインスタンスの構造」のみであり、コンストラクタはインスタンスの構造の一部ではないからです。

4-10 共用体型 / Union Types

共用体型 (union types) は、与えられた複数の型のうちいずれかであればよいという型です。共用体型は|演算子で生成します。たとえば、string | numberは、「string型またはnumber型」の集合型です。次のコードのように、共用体型の変数には、その集合に含まれる型の値を代入できます。

union-types.mts
```
let value: string | number;

// "foo"はstringなので代入可能
value = "foo";

// 42はnumberなので代入可能
value = 42;
```

次の例のように、集合に含まれない型は代入できません。

union-types.error.mts
```
// コンパイルエラーになる例
let value: string | number;

// trueはbooleanで、stringにもnumberにも代入不可なため、string | number⏎
にも代入できません！
value = true;
// error TS2322: Type 'boolean' is not assignable to type⏎
 'string | number'.
```

共用体型は、"foo" | "bar"や1 | 2 | 3のように、リテラル型を組み合わせて作ることもできます。また、共用体型の要素としてnever型を与えると、空集合として扱われるため何も変わりません。つまり、string | number | neverはstring | numberと等しい型です。

4-11　交差型 / Intersection Types

交差型 (intersection types) は、与えられた複数の型のすべてのプロパティを持つ型です。交差型は&演算子で生成し、通常はオブジェクト型を合成するときに使います。次の例は、ColorとPointを両方を満たす型ColoredPointを交差型として定義します。この例はinterface ColoredPoint implements Color, Point {}に等しい型を定義しています。

intersection-types.mts
```
// 交差型の例
type Color = { color: string };
type Point = { x: number; y: number };
type ColoredPoint = Color & Point;

const coloredPoint: ColoredPoint = {
  color: "red",
  x: 10,
  y: 20,
};
```

ところで、交差演算子&を共用体型に対して用いると、集合演算を行えます。たとえば、(string | number) & (boolean | number)は、2つの共用体型の共通部分(交差)であるnumberになります。共通部分がない場合は空集合であるnever型になります。つまり、string & numberはneverです。

4-12　余剰プロパティチェック / Excess Property Checks

TypeScriptは特定の条件で余剰プロパティチェック (excess property

checks）を行います。これは、オブジェクトリテラルをある型に代入するとき、その型に存在しないプロパティを余剰プロパティとしてコンパイルエラーにする機能です。

たとえば、次のようなコードで TypeScript コンパイラは z: 30 の行でコンパイルエラーを報告します。Point 型に z プロパティが存在するべきはない、という指摘です。TypeScript 本来の型システムである構造型の観点からは、z プロパティがあっても代入は可能であるはずです。しかし、TypeScript コンパイラはオブジェクトリテラルに関してはこのような余剰プロパティを認めないのです[注9]。もちろん、Point 型の変数 p に z プロパティを与えるのはバグである可能性が高いため、この指摘は有用です。

excess-property-checks.error.mts

```
type Point = {
  x: number;
  y: number;
};

const p: Point = {
  x: 10,
  y: 20,
  z: 30, // error!
  // Object literal may only specify known properties, and 'z'
  does not exist in type 'Point'.
};
```

余剰プロパティチェックはオブジェクトリテラルに対してのみ働きます。オブジェクトリテラルではない値は、構造型の代入可能性の論理にのみ基づいて型チェックが行われます。つまり、ある型に代入可能であるからといって、ほかに余剰プロパティがないことを保証はしません。

4-13　ナローイングと型ガード

TypeScript の静的型は、ソースコードの静的な状態によって変化します。こ

注9）余剰プロパティチェックは、構造型という型システムの論理からは外れていて、どちらかというとヒューリスティックなチェックに見えます。これは、TypeScript コンパイラの開発チームが型システムの整合性よりもプログラミングの際の利便性を優先した結果なのでしょう。

れは、ナローイング (narrowing) と型ガードという言語機能によって実現されます[注10]。

　ナローイングは、ある変数の型が、特定の操作のあとで、より限定的な型に「狭められる (narrowing)」というものです。たとえば、次のコードは代入によってナローイングを起こします。

narrowing-by-assign.mts

```
// valueは共用体型string | numberです
let value: string | number;

// "foo" はstringなので代入可能
value = "foo";

// valueはここでナローイングによってstringになります
// 次の代入したあとのvalueにカーソルをあてると、型がstringのみになっていることがわかります
// たとえば、lengthプロパティはnumberには存在しませんが、コンパイルが通ります
// 逆に、number特有のプロパティやメソッドを参照するとコンパイルエラーになります
console.log(value.length); // => 3

// 42はnumberなので代入可能
value = 42;

// valueはここでナローイングによってnumberになります
// 次の代入したあとのvalueにカーソルをあてると、型がnumberのみになっていることがわかります
// たとえば、toExponentialメソッドはstringには存在しないが、コンパイルが通ります
console.log(value.toExponential()); // => 4.2e+1
```

　このナローイングは、代入だけでなく、型ガードによっても起こせます。型ガードとは、条件分岐の際に、一定の条件のもとで型を限定させる式を置くことで、その分岐の該当スコープにおいてナローイングが起きるというものです。

　たとえば前述のように value: string | number という変数があるとします。ここで、typeof value === "number" という型ガードで条件分岐すると、その条件が真のときは常にvalueをnumberと確定できます。また、その条件が偽のときのvalueはstringであることも同様に確定できます。次のコードを見てください。

[注10] https://www.typescriptlang.org/docs/handbook/2/narrowing.html

```type-guard.mts
function f(value: string | number) {
  // typeofによる型ガードで、条件分岐の中で型を限定します
  if (typeof value === "string") {
    // ここでvalueはナローイングによってstringになります
    // よってnumberにないプロパティを参照してもコンパイルが通ります
    console.log(value.length); // => 3
  } else {
    // ここでvalueはナローイングによってnumberになります
    // よってstringにないメソッドを呼んでもコンパイルが通ります
    console.log(value.toExponential()); // => 4.2e+1
  }
}
```

　ナローイングは共用体型だけでなく、stringのような通常の型から"foo"のようなリテラル型でも起きます。たとえば、次のコードではvalue == "foo"という型ガード式が真のときにvalueの型が文字列リテラル型の"foo"型になるというナローイングが起きます。

```narrowing-literal-type.mts
// "foo" | "bar" | "baz"という文字列リテラルの共用体型を引数とする関数
function f(arg: "foo" | "bar" | "baz") {
  /* ... */
}

const value: string = "foo";

// ここでvalueはstringなのでf()には渡せません
// f(value); // コンパイルエラー

if (value === "foo") {
  // ここでvalueはナローイングによって"foo"になるのでf()に渡せるようになります
  f(value);
}
```

　ナローイングの機序としては、まずTypeScriptコンパイラがソースコードの変数の使われ方を分析します。これを「制御フロー分析 (control flow analysis)」といいます。そして分析の結果、その変数が特定の範囲で特定の型のみとりうると決定できる場合、その範囲でのみその変数がその特定の型のみが持つとみなされます。

　なお、ナローイングの結果、該当する型がひとつもなくなると、never型になります。「never型の値ができる」という意味ではなく、「ある値がnever型にな

ることはあり得ないため、もしnever型になるのであればプログラムに論理破綻 (logic flaw) のバグがある、という意味です。次のコードは、ナローイングによってnever型になることを確認できる例です。

exhaustiveness-check.mts

```typescript
// とあるWebアプリケーションのリクエストを表す型
type GetRequest = {
  method: "GET";
  // GETは特別なパラメータを持ちません
};
type PostRequest = {
  method: "POST";
  content: Uint8Array; // POSTのときはバイト列（BLOB）をパラメータとして持つとします
};
type Request = GetRequest | PostRequest;
function f(req: Request) {
  switch (req.method) {
    case "GET":
      // ここでreqはGetRequest型になります
      console.log("This is GET");
      return;
    case "POST":
      // ここではreqはPostRequest型になります
      // PostRequest型なのでreq.contentを参照できます
      console.log(`This is POST (content: ${req.content})`);
      return;
    default:
      // この関数の呼び出し以前に論理破綻が起きていない限り、ここには到達しません
      const value: never = req; // ここでreqはnever型
      throw new Error(`Unsupported request: ${value}`);
  }
}

f({ method: "GET" }); // OK
f({ method: "POST", content: Uint8Array.from([0x01, 0x02]) });
 // OK

// 無理やり論理破綻を発生させると、default節が実行されてランタイムエラーになります
f({ method: "PUT" } as any as Request); // Error: Unsupported
  method: PUT
```

このとき、reqをnever型の変数に一時的に代入している (`const value: never = req`) のは、網羅性のチェック (exhaustiveness check) をTypeScriptコンパイラに行わせるときのイディオムです。このようなイディオムを入れて

おくことで、switch文ですべての型を網羅する保証をコンパイル時に行えます。このような網羅性の保証はnever型を明示的に使うユースケースのひとつです。たとえば、次の例はRequest型にさらに type DeleteRequest = { method: "DELETE" }のような型を加えたときに、正しくコンパイルエラーになる例です。

exhaustiveness-check.error.mts

```
type GetRequest = {
  method: "GET";
};
type PostRequest = {
  method: "POST";
  content: Uint8Array;
};
// DeleteRequestを足しました
type DeleteRequest = {
  method: "DELETE";
};
type Request = GetRequest | PostRequest | DeleteRequest;

// 関数f()の実装は前述と同じです。DeleteRequestを処理するコードがないのでコン
パイルエラーになります
function f(req: Request) {
  switch (req.method) {
    case "GET":
      console.log("This is GET");
      return;
    case "POST":
      console.log(`This is POST (content: ${req.content})`);
      return;
    default:
      const value: never = req; // ここでreqはDeleteRequest型なので
コンパイルエラー
      // [TS2322]: Type 'DeleteRequest' is not assignable to
 type 'never'.
      throw new Error(`Unsupported request: ${value}`);
  }
}
```

4-14 型アサーションのas演算子

型アサーションとは、「ある値の型はTである」という書き手の確信を

TypeScriptコンパイラに伝えるものです。これは「型キャスト」と呼ばれることもありますが、典型的な静的型付け言語における型キャストは、ランタイムの型チェックや値の変換を行います。一方、TypeScriptの型アサーションはランタイムへの影響はまったくありません。あくまでもコンパイラに対して情報を与えるだけです。

型アサーションは、次のようにas演算子を使って行います。as演算子は、式と型をとるコンパイル時の二項演算子です。

type-assertion.mts

```
const a: unknown = "foo";

const b = a as string; // 書き手はaがstring型であることを確信しているのでOK
console.log(b.length); // => 3
```

型アサーションによる型の変更には制約があります。たとえば、asだけでstring型をnumber型に変更することはできません。次のコードはコンパイルエラーになります。

type-assertion-failed.error.mts

```
// このコードはコンパイルエラーになります

const a = "foo" as number;
// error TS2352: Conversion of type 'string' to type 'number'
 may be a mistake
// because neither type sufficiently overlaps with the other.
 If this was
// intentional, convert the expression to 'unknown' first.
```

もっとも、unknown型とany型からは任意の型に変更できるため、as any as Tまたはas unknown as Tで強制的に不正な型に変更することはできます。実用的には、直接型アサーションをしてみて、コンパイルエラーになったらas any as Tに書き換える、ということはよく行います。ただし注意すべきなのは、これは型安全性を破壊し、静的型と動的型の不整合による実行時エラーに終わる可能性が高まるということです。

type-assertion-as-any-as-t.mts

```
const a = "foo" as any as number; // aはnumber

console.log(a.toExponential()); // コンパイルは通るが実行するとエラーに
なります
```

直接型アサーションができるかどうか、あるいはas any as Tとしなければ
ならないかどうかは、コンパイラのバージョンやオプションにも依存します。ほ
とんどの場合は「あるスーパータイプSの値は、サブタイプTに対しては直接as
型アサーションで型を変更できる」と考えられます。

　たとえば、DOM APIに含まれるHTMLElement型の値は、そのサブタイ
プであるHTMLInputElementに直接asで型を変更できます。つまり、
HTMLの要素のベースクラスであるclass HTMLElement { /* ... */ }
と、HTMLElementのサブタイプであり<input/>要素を表すクラスclass
HTMLInputElement extends HTMLElement { /* ... */ }があるとき、
element: HTMLElementをelement as HTMLInputElementという型アサー
ションでサブタイプへ変換できます。

　もちろん、型アサーションが可能だからといってその結果が正しい保証はあり
ません。この例では、elementが本当はHTMLAnchorElementである場合にも
element as HTMLInputElementはコンパイルが通り、実行時もエラーは起き
ません。しかし、HTMLAnchorElementをHTMLInputElementとして扱ってい
るのであれば、遅かれ早かれどこか別のところでランタイムエラーになる可能性
が高いです。

　つまり、型アサーションは、書き手の認識（お気持ち）のとおりにコンパイラ
が認識する静的型を無理やり変更する型演算なのです。型アサーションによっ
てランタイムのコードが差し込まれることはなく、コンパイル後のJavaScriptの
コードには何も影響を与えません。直接の型アサーションだろうと、any型ない
しunknown型経由での型アサーション（as any as T）だろうと、その型アサー
ションの妥当性はランタイムには検証されないのです。ある型アサーションが
妥当かどうかは、その型アサーションを書いたプログラマーにしかわかりません。

　このことから、型アサーションは型安全性を破壊する言語機能といえます。し
たがって、型アサーションはなるべく使わず、可能な限りナローイングなどで済
ませるべきです。しかし、ライブラリの型が不十分な場合やTypeScriptの型シ
ステムの制限により、やむを得ず型アサーションを使うことはあります。「型演
算を駆使して1日かければ型安全なコードをかけるかもしれないが、型アサーショ
ンを使うと10秒でコンパイルを通せる」という状況で型アサーションを使う判
断をすることもあるでしょう。そのような場合は、なぜ型アサーションを使う判
断をしたのかを説明したコメントを書いておくと保守性が高まります。

暗黙の型アサーション

本編で書いたように、型アサーションは型安全性を壊すため、なるべく使うべきではありません。しかし、ソースコードに現れない「暗黙の型アサーション」もあります。たとえば、DOM APIのquerySelector()メソッドは、暗黙の型アサーションを行うことがあります。そして暗黙の型アサーションは、明示的な型アサーションと同じようにリスクがあります。

まずquerySelector()は、引数が単純な要素名の文字列リテラルである場合は、その要素名に応じて戻り値の型が生成されます。たとえばdocument.querySelector("input")の戻り値型はHTMLInputElement | nullです。同様に、document.querySelector("a")の戻り値型はHTMLAnchorElement | nullです。

一方、引数が複雑なセレクタ文字列の場合は、戻り値型はHTMLElement | nullになります。たとえばdocument.querySelector("button[type=submit]")の戻り値型はHTMLElement | nullです。このとき、querySelector<HTMLButtonElement>("button[type=submit]")のように、型引数を与えると、それが戻り値型になります。この場合はHTMLButtonElement | nullです。つまり、querySelector()のおおまかなシグネチャはquerySelector<T extends HTMLElement>(selector: string): T | nullなのです。次のコードは暗黙の型アサーションを行うquerySelector()の使用例です。ただし、このコードはDOM APIが必要なため、Node.js (tsimp) では実行できません。

implicit-type-assertion.mts

```
// このコードはDOM APIが必要なため、Node.js (tsimp) では実行できません！

// "button"のように単純な要素名だけを与えると対応した戻り値型を生成できます
const button1 = document.querySelector("button");
// button1: HTMLButtonElement | null

// クエリが複雑になると戻り値型はHTMLElementになります
const button2 = document.querySelector("button[type=submit]");
// button2: HTMLElement | null

// 型引数を与えると戻り値型を任意に設定できます
const button3 = document.querySelector<HTMLButtonElement>(
  "button[type=submit]",
);
// button3: HTMLButtonElement | null
```

```
// 暗黙の型アサーションで誤った型を指定すると、コンパイルエラーもランタイム
エラーも起きません
const a1 = document.querySelector<HTMLAnchorElement>(
"button[type=submit]");
// a1: HTMLAnchorElement | null （これは誤り！）

// 明示的な型アサーションで書き直すと次のようになります
// 暗黙的な型アサーションと振る舞いは同じですが、「型アサーションなので危険」
と認識しやすいです
const a2 = document.querySelector("button[type=submit]") as
 HTMLAnchorElement;
// a: HTMLAnchorElement | null （これは誤り！）
```

　暗黙の型アサーションは、TypeScriptの言語機能ではなく、たとえばquerySelectorといった関数の設計時にそのような「決め」を行ったということです。暗黙の型アサーションもなるべく避けるべきですが、十分に安全だと確信できる場合は、チームの判断として使用を許容されることもあってよいと思います。

4-15　as const演算子

　as const演算子は、exprの型をリテラル型に変更するための型アサーションです。文字列型は文字列リテラル型、数値型は数値リテラル型になり、オブジェクトリテラルの場合はプロパティがreadonlyになり、配列リテラルは読み込み専用（readonly）のタプルになります。as const演算子の効果は、オブジェクト型や配列型の要素にも再帰的に適用されます。[1, 2, 3]という配列リテラル式にas const演算子を適用すると、その式はreadonly [1, 2, 3]型になります。次のコードは配列リテラルやオブジェクトリテラルにas const演算子を適用する例です。

as-const-example.mts

```
// 配列型
const ary = [1, 2, 3] as const;
// aryの型はreadonly [1, 2, 3]になります
// as constがなければArray<number>になります
```

```
const obj = {
  str: "str",
  num: 42,
  bool: true,
} as const;
// objの型は{ readonly str: "str", readonly num: 42, readonly ⏎
 bool: true }になります
// as constがなければ{ str: string, num: number, bool: boolean }に ⏎
なります
```

さて、`as const`演算子が提供される背景は少し複雑です。型アサーションに構文も意味も似ていますが、用途は異なるのです。

まず、TypeScriptのリテラル式が変数に代入されるとき、その変数の型は、コンテキストによって決められた通常型に推論されます。このコンテキストというのは、代入先がlet的かconst的かで推論される変数の型が変わることです。たとえば、`const foo = "foo"`というconst変数の宣言のとき、変数`foo`の型は文字列リテラル型である`"foo"`型です。一方で、`let bar = "bar"`というlet変数の宣言のときは、変数`bar`の型はstring型です。

リテラル式の型は、ジェネリック関数の型引数の推論結果も影響をうけます。たとえば次のコードのように、ジェネリック関数`function g<T>(x: T): void`があるとします。この`g()`関数の型変数を省略して`g(42)`のようにリテラル式を与えて呼び出すと、引数`x`の型は「let的」に推論されて、リテラル型の`42`ではなく通常型の`number`になります。

as-const-example-generics-g-call.mts

```
function g<T>(x: T) {
  console.log({ x });
}
// このときg()の具体的な型はg<number>(x: number): voidとなっています
g(42); // => { x: 42 }

// このときg()の具体的な型はg<string>(x: string): voidとなっています
g("foo"); // => { x: "foo" }
```

ところで、const的な代入であればリテラル型に推論されるというのは、プリミティブ値に限られます。オブジェクトや配列のリテラルは、代入先がconstとletで推論される型は変わりません。この違いは、JavaScriptとの互換性に配慮したものだと思われます。JavaScriptではconstは変数への再代入が禁止され

るだけです。letとconstによって変数に代入された値への操作は変わりません。

この状況下で、オブジェクトリテラルの型を、プリミティブ値をconst変数に代入するときのように、「リテラル的」な型にしたいことがあります。つまり、それぞれのプロパティはreadonlyかつその型がリテラル型になり、配列であれば読み込み専用タプルになるような型です。このような場合に、as const演算子を使うと、オブジェクトリテラルの型をリテラルにできます。

一般に、型は可能な限り不変で限定的であるほうが、コードに誤解の余地がなく理解しやすいと考えられています。const変数宣言をリテラルで初期化するときは、まずその値自体を更新するかどうかを考え、更新が不要であればまず自動的にas const演算子を付けましょう。そのあとで型が限定的過ぎると感じたら、as const演算子を取り除くという操作をするとよいでしょう。

これは筆者の意見ですが、今TypeScriptをゼロベースで設計しなおすなら、const変数のときは常にas const演算子がつくような振る舞いであるほうが望ましいと思います。デフォルトでは厳しく、条件を緩くするときに明示的に指定が必要、というのがよい言語設計と考えられるからです[注11]。とはいえ、現在のデフォルトはそうなっていないので、as const演算子を付けることを習慣にしましょう。

4-16 non-nullアサーション演算子

non-nullアサーション演算子は、ある式の型がnullでもundefinedでもないことをTypeScriptコンパイラに伝える型アサーションの一種です。non-nullアサーションは次のように後置単項演算子！です。

non-null-assertion-operator.mts
```
function printLengthOfString(value: string | null | undefined) {
  const a: string = value!; // valueの型からnullとundefinedを取り除
いてstring型にします
  // ここでaはstring型になるので、プロパティアクセスが可能になります
  // ただし、このときvalueが本当にnullまたはundefinedの場合は、実行時エラー
```

[注11] たとえば、TypeScriptにおいても、ごく初期にはある型Tの変数にはnullやundefinedが代入可能でした。その後strictNullChecksオプションが導入され、strictモードではTにはnullやundefinedを代入できず、nullやundefinedを代入したいときは明示的にT | null | undefinedのように指定が必要になりました。このように、デフォルトでは厳しく、条件を緩くするときに明示的に指定が必要、というのがTypeScriptのstrictモードの設計思想です。

```
になります
  console.log(a.length);
}

printLengthOfString("foo"); // 3
printLengthOfString(null); // ここで実行時エラー
```

non-nullアサーション演算子は、as演算子による型アサーション同様に、コンパイル後のJavaScriptには影響を与えず、何のランタイムチェックも行われません。ある式が本当はnullやundefinedであっても、non-nullアサーションは常に成功してしまうのです。ある式がnullやundefinedにならないという確信があるときにnon-nullアサーション演算子を使うのはまったく問題はありません。しかし、確信がない場合は、次のようにナローイングでnullとundefinedを取り除くほうが望ましいでしょう。

remove-null-by-narrowing.mts
```
function printLengthOfString(value: string | null | undefined) {
  if (value != null) {
    // ここでvalueはstring型になるので、プロパティアクセスが可能です
    console.log(value.length);
  }
  // valueがnullのときは何もしません
}

printLengthOfString("foo"); // 3
printLengthOfString(null); // 実行時エラーにはならず、何も出力されません
```

4-17 ユーザー値技の型ガードを実装する述語関数

述語関数は、ある引数が特定の型か否かを表す真偽値を返し、型ガードとして振る舞う関数です。述語関数は「ユーザー定義型ガード」とも呼ばれ、組み込みの型ガードと同様にナローイングのために使えます。

たとえば、次の関数isString()は引数がstringのときに真を返し、さらにその戻り値が真のスコープでナローイングによって引数をstringとして扱います。この述語関数はtypeof x === "string"と、型ガードとしての振る舞いも含めてまったく同じことをしています。

```typescript:type-predicates.mts
function isString(x: unknown): x is string {
  return typeof x === "string";
}

function printTrimedString(value: string | null | undefined) {
  if (isString(value)) {
    // ここでvalueはナローイングによってstring型になるので、stringのプロパ ⏎
ティアクセスが可能です
    console.log(value.trim()); // 両端の空白を取り除いたものを印字します
  }
}

printTrimedString("foo"); // foo
```

　述語関数は型アサーションの一種で、書き手の型に関する確信をTypeScript
コンパイラに伝えるものです。そして、型アサーションは型安全性を破壊します。
たとえば、次のisString()の実装にはバグがありますが、TypeScriptコンパイ
ラはこの関数をstring判定用の型ガードとして認識して、その結果ランタイムエ
ラーを引き起こします。

```typescript:type-predicates-wrong.mts
// バグのために型安全性が破壊される例

function isString(x: unknown): x is string {
  return typeof x === "number"; // 判定ロジックを間違えた！
}

function f(value: unknown) {
  if (isString(value)) {
    // コンパイラはvalueがstringだと認識するが、実際にはnumberなのでランタ ⏎
イムエラーになります
    console.log(value.trim()); // TypeError: value.trim is not ⏎
 a function
  }
}

f(42); // ランタイムエラー
```

　述語関数の型チェックは注意深く実装しましょう。

4-18 ナローイングを起こすためのアサーション関数

アサーション関数は、「引数について何らかの判定をし、偽であれば例外を投げる」という特定のパターンを実装した関数で、このパターンをTypeScriptコンパイラが理解できるように記述することによって、コンパイラはナローイングを行えるようになります。アサーション関数は与えられた判定が偽であれば例外を投げるため、アサーション関数の呼び出し以降のスコープでは判定が真であることが保証されます。

アサーション関数は、TypeScriptの機能だけで型安全性を担保できないときに、型の実行時検査で型安全性を確保できます。たとえば、特定のAPIの戻り値やデータベースからのデータの読み込みなどの外部データを処理する際に、アサーション関数を使うことがあります。

外部データは特定の構造を想定しますが、TypeScriptレベルでの型は不明です。このような場合、型アサーションのas演算子で実行時型検査なしに型を変更するか、アサーション関数を定義して実行時検査付きで型を変更することになります。次のコードはアサーション関数で型を変更する例です。

assertion-function.mts

```
function assertString<T>(x: unknown): asserts x is string {
  if (typeof x !== "string") {
    throw new Error("not a string!");
  }
}

// DBから取得したという想定のレコードから"foo"フィールドを取得します
// このとき"foo"はstringです
function fetchFooFromRecord(record: Record<string, any>): string {
  const foo = record["foo"];
  assertString(foo);
  return foo;
}

const foo = fetchFooFromRecord({ foo: "value" });
console.log(foo); // => value
```

ところで、型の変更について、100%の確信があるならasアサーションでもかまいません。しかし、外部サービスのWeb APIや、社内であっても別のチーム

が運用するWeb APIやデータベースからの戻り値などは、しばしば100%の確信は持てません。そういう場合は、実行時チェックのできるアサーション関数のほうがよいでしょう。

アサーション関数も型アサーションの一種なので、型安全性を破壊できます。述語関数同様に、アサーション関数の実行時チェックは注意深く実装しましょう。

4-19　satisfies 演算子

satisfies 演算子[注12]は、ある値が指定された型を実装していることを保証させるための型演算子です。構文的には、式と型をとるコンパイル時の二項演算子です。

satisfies 演算子は、最終的に式が持つ型には影響はしません。つまり、式の持つ型の構造はそのままに、その型が特定の型を持つことを保証できるのです。satisfies 演算子は任意の式に使えますが、典型的にはオブジェクトリテラルが特定の構造をしていることをコンパイル時に保証するために使います。satisfies 演算子は余剰プロパティチェックが働くため余計なプロパティを許容しません。とくに as const 演算子を組み合わせると、as const されたオブジェクトの型になるので、satisfies 演算子との相性はとてもよいといえるでしょう。

satisfies-operator.mts

```
// 哺乳類 (Mammal) 型
type Mammal = {
  speak(): string; // 鳴き声
  breed: string; // 品種
};

// catがMammalの持つプロパティをすべて持つことをsatisfies演算子で保証します
// catの型は{ speak(): string; breed: "シャム" }になります
const cat = {
  speak() {
    return "ニャー！";
  },
  breed: "三毛猫",
} as const satisfies Mammal;
```

注12) satisfies 演算子は TypeScript 4.9 で導入されました。 https://www.typescriptlang.org/docs/handbook/release-notes/typescript-4-9.html

satisfies演算子に対して、変数の型注釈でも型の構造の保証はできます。しかしその場合、変数が持つ型は注釈された型と同じになります。つまり、次のコードでは、dogの型はMammal型そのものになります。なお、変数の型注釈でも余剰プロパティチェックが働くため、Mammal型に定義されていないプロパティやメソッドは書けません。

satisfies-vs-type-annotation.mts

```
// 哺乳類 (Mammal) 型
type Mammal = {
  speak(): string;
  breed: string;
};

// dogがMammalの持つプロパティをすべて持つことを型注釈で保証します
// dogの型はMammal ({ speak(): string, breed: string }) になります
const dog: Mammal = {
  speak() {
    return "ワン!";
  },
  breed: "セントバーナード",
};
```

satisfies演算子は積極的に使う価値があります。オブジェクトの型自体に干渉せず、as constとの相性もよく、それでいてオブジェクトの構造を型通りに保証できるからです。

implements句とsatisfies演算子の比較

式に対するsatisfies演算子は、クラスやインターフェースに対するimplements句にも似た意味を持ちます。ただし、implements句の場合は、クラスやインターフェース定義が必要です。また、implements句は「オブジェクトの構造」にのみ影響を与えます。たとえば、静的プロパティや静的メソッド、そしてコンストラクタのシグネチャはチェックしません。

implements句を使って前述のコードとほぼ等価なコードにするには、次のようにします。PigはMammalを実装しているため、speakメソッドのシグネチャがMammalと違ったり、メソッド名をタイポしていたりすると、TypeScriptコンパイラはコンパイルエラーを報告するはずです。

```
satisfies-vs-implements.mts
type Mammal = {
  speak(): string;
};

// Pig classがMammalの持つプロパティをすべて持つことをimplements演算子で保 ↵
証します
class Pig implements Mammal {
  speak() {
    return "Oink!";
  }

    // implementsを使う場合は、Mammalにはないプロパティやメソッドを追加で定義 ↵
できます
  wildAncestor = "boar";
}

const pig = new Pig();
```

　satisfies演算子はクラスに紐づかないオブジェクトや関数に加えて、コンスト
ラクタのシグネチャもチェックできるため、implement句よりも使える範囲が広
いといえます。しかし、satisfies演算子はimplements句と異なり、元の型を拡
張はできません。つまり、implements句の場合は、元の型を拡張し、プロパティ
やメソッドを追加で定義できます。

第 5 章
高度な型演算

5-1 型関数と型演算子

5-2 共用体型と交差型

5-3 テンプレートリテラル型

5-4 組み込み型関数

本章では、TypeScriptにおける高度な型演算を解説します。TypeScriptを使った開発をするとき、TypeScriptの型システムを活用したライブラリを使う機会は無数にあります。一方で、自分で複雑な型を定義する機会はあまり多くはありません。しかし、いざ複雑な型を使う場面で、それがどういうしくみか、何を期待できて何を期待できないかを知っておくことで、TypeScriptをより効果的に使うことができます。本章では、実際に世の中に存在するライブラリの型定義をひとつひとつ読み解いていきます。

5-1　型関数と型演算子

　型関数とは、型を引数として受け取って別の型を返すジェネリック型のことです。これはごく普通のジェネリクスを用いた型ではありますが、TypeScriptは型演算を駆使して複雑な型の構築を行えるため、そのようなジェネリック型をとくに「型関数」と呼ぶことがあります。

　型関数で使える型演算の特筆すべき点として、条件分岐と型関数の再帰呼び出しがあり、これにより任意の演算が可能です[注1]。たとえば、関数型を与えると引数の型や戻り値の型を返す型関数や、配列の型を渡すと要素の型を返す型関数、特定のパターンの文字列リテラルのみを受け付ける型などを定義できます。

 型関数のためのユーティリティ

　ここでひとつ、ESモジュールの`utility-types.mts`を定義します。本章のサンプルコードでは、このモジュールがエクスポートするユーティリティ型関数を使って生成された型のテストを書きます。

　型演算は実行時に影響を及ぼせないため、計算結果を`console.log()`で出力したり、通常の方法でテストしたりできません。その代わり、次の型関数`Assert`と`Equals`を使って、型演算の具体的な結果を簡単に確認していきます。

注1)　つまり、TypeScriptの型システムはチューリング完全です。FizzBuzzや四則演算はもちろんのこと、JSON文字列の文字列リテラル型を受け取ってそのJSONが表現する型を返す、型レベルのJSON parserの実装を試みているプロジェクトすらあります。

106

utility-types.mts

```ts
/**
 * Tがtrue型のときはコンパイルが通ります
 * Tがtrue型でないときはコンパイルエラーを起こします
 */
export type Assert<T extends true> = T;

/**
 * X, Yが等しいときにtrue型を返し、そうでないときにfalse型を返します
 */
export type Equals<X, Y> =
  (<T>() => T extends X ? 1 : 2) extends <U>() => U extends Y ? 1 : 2
    ? true
    : false;
```

このモジュールは型関数のみをエクスポートするので、インポートするときは `import type` キーワードで行います。次のコードはテストがパスする例です。

utility-types-usage.mts

```ts
import type { Assert, Equals } from "./utility-types.mts";

type _T01 = Assert<Equals<string, string>>;
type _T02 = Assert<Equals<true | false, boolean>>;
type _T03 = Assert<Equals<0, 0>>;
type _T04 = Assert<Equals<1, 1>>;
type _T05 = Assert<Equals<{ id: number }, { id: number }>>;
type _T06 = Assert<Equals<() => void, () => void>>;
type _T07 = Assert<Equals<any, any>>;
type _T08 = Assert<Equals<unknown, unknown>>;
type _T09 = Assert<Equals<never, never>>;
type _T10 = Assert<Equals<void, void>>;
```

次のコードはテストがパスせず、コンパイルエラーになる例です。

utility-types-usage.error.mts

```ts
import type { Assert, Equals } from "./utility-types.mts";

type _T00 = Assert<Equals<string, number>>;
type _T01 = Assert<Equals<string, "foo">>;
type _T02 = Assert<Equals<1, 1 | 2>>;
type _T03 = Assert<Equals<{ id: number }, { id?: number }>>;
type _T04 = Assert<Equals<{ id: number }, { readonly id: number }>>;
type _T05 = Assert<Equals<string, any>>;
type _T06 = Assert<Equals<string, never>>;
```

```
type _T07 = Assert<Equals<string, unknown>>;
type _T08 = Assert<Equals<any, unknown>>;
type _T09 = Assert<Equals<any, never>>;
type _T10 = Assert<Equals<unknown, never>>;
```

このAssert<T>は、T extends trueという型引数の制約 (constraint) により、Tがtrue型のときのみ有効なジェネリック型です。Tがtrue型以外のときは、制約によってコンパイルエラーが発生します。これにより、型レベルでのテストが可能になります。ただし、Assert<never>とAssert<any>はパスしてしまうので、Assert<T>型関数に渡すのは厳密にtrue型かfalse型だけに制限するようにしてください。

もうひとつのEquals<X, Y>[注2]は、2つの型が等しければtrue型を返し、異なる場合にはfalse型を返す型関数です。すべてのケースで妥当な動作をするわけではないのですが、本章の範囲では十分に役に立ちます。

 ## 条件付き型 / Conditional Types

条件付き型 (conditional types) は、型レベルでの条件分岐を行うための型演算です。条件付き型は、T extends U ? TrueType : FalseTypeという構文です。これは、TがUに代入可能であればTrueType型式を、そうでなければFalseType型式を返します。条件付き型を使うと、次のIsString<T>のように型引数の種類によって戻り値型を変える型関数を定義できます。

assert-with-conditional-type.mts
```
import type { Assert } from "./utility-types.mts";

// Tがstring型に代入可能であればtrue型、そうでなければfalse型を返す型関数
type IsString<T> = T extends string ? true : false;

// "foo"はstringに代入可能なのでOK
type _T1 = Assert<IsString<"foo">>;
```

このIsString<T>型関数に文字列以外の型を渡すとfalse型を返します。こ

[注2] このEquals<X, Y>は、TypeScriptのissue#27024 (https://github.com/microsoft/TypeScript/issues/27024#issuecomment-421529650 Matt McCutchen (@mattmccutchen) によるコメントより) で紹介された「Matt McCutchenによるEquals実装」として知られるもので、ほとんどの場合にうまく動作します。この関数の実装の詳細や、エッジケース、そのほかのEquals実装については、本書では紹介しません。このような基本的な型関数は、TypeScriptの組み込み型関数として提供してほしいところです。

のとき、Assert<T>でテストするとコンパイルエラーを起こします。

assert-with-conditional-type.error.mts
```
import type { Assert } from "./utility-types.mts";

type IsString<T> = T extends string ? true : false;

// 123はstringに代入可能ではないので、コンパイルエラーになります
type _T1 = Assert<IsString<123>>;
// error TS2344: Type 'false' does not satisfy the constraint 'true'.
```

 条件付き型の分配 / Distributive Conditional Types

条件付き型は、共用体型を操作するときに、条件付き型の分配 (distributive conditional types)、あるいは単に分配 (distribution) と呼ばれる振る舞いが起きます。これは数学の分配法則 (the distributive law) にも少し似ていて、条件付き式への型引数が共用体型のとき、その条件付き式を共用体型という集合のそれぞれの要素に「分配」します。たとえば、type IsString<T> = T extends string ? true : falseに対して型引数として共用体型を与えるIsString<string | number>という式を考えます。このとき、この型関数は(string extends string ? true : false) | (number extends string ? true : false)のように分配が起きます。次にコードを示します[注3]。

distributive-conditional-types.mts
```
import type { Assert, Equals } from "./utility-types.mts";
type IsString<T> = T extends string ? true : false;

// 分配を起こす呼び出し
type R1 = IsString<string | number>;
// この結果は true | false、つまりboolean型に等しくなります
type _T1 = Assert<Equals<R1, boolean>>;

// 分配を展開すると次のようになります
type R2 = IsString<string> | IsString<number>;
// さらに式を展開すると次のようになります
type R3 =
  | (string extends string ? true : false)
  | (number extends string ? true : false);
```

注3) ところで、R3で=の直後にパイプ演算子 (|) があるのは間違いではありません。リストの末尾にあるコンマと同様に、型式の冒頭のパイプ演算子は無視されます。これはJavaScriptではなくTypeScript特有の機能で、編集時の差分を少なくするためだと説明されています。参考：https://github.com/microsoft/TypeScript/pull/12386

```
// すべてR1と同じ結果になります
type _T2 = Assert<Equals<R2, boolean>>;
type _T3 = Assert<Equals<R3, boolean>>;
```

　分配は、条件付き型の型引数が共用体型のとき、その共用体型の各要素に対して条件付き型が適用されるという振る舞いです。この「分配」を手続き的に考えると、まず引数として渡された共用体型を要素ごとに分割し、条件付き型の適用をそれぞれの共用体型の要素に対して行ったあと、最後にその結果をまた | で結合して共用体型にまとめる、となります。集合に対する演算は慣れていないと少し難しいので、慣れるまでは手続き的に考えるのでもよいと思います。

　分配が起きる条件のとき、共用体型は集合 (set) と解釈されます。このとき、空集合は never です。これにより、IsString<never> は never になります。IsString<T> の定義に never は存在しませんが、分配は集合に対する演算として振る舞うという性質が優先されるのです。

　分配は自動的に起きるため、一見すると意味のない演算に見えることもあります。型関数の引数Tがあるとき、T extends any ? expr : never という条件付き型は、T extends any は常に真になるため、単に expr を返すだけの型式に見えます。これはつまり、意図的に分配を起こすためのイディオムなのです。

　この分配を抑制したいときは、条件付き型に型引数を与えるときに、一要素のタプル型 ([T]) にして与えます。たとえば type IsStringWithoutDistribution<T> = [T] extends string ? true : false は分配を起こさない版の IsString<T> の定義です。分配を起こさないので型引数が集合として扱われることもなく、IsStringWithoutDistribution<never> は false になります。

　TypeScriptの公式ドキュメント[注4]の実装例である ToArray<T> は、この分配という振る舞いについてとてもわかりやすい例です。次のコードでそれを示します。

disable-distributive-conditional-types.mts

```
import type { Assert, Equals } from "./utility-types.mts";

// 分配を起こす版
// T extends anyはどんな型でも真になる条件なので、分配を起こすためだけに条件
付き型を使っています
type ToArray<T> = T extends any ? Array<T> : never;
// 分配を起こさない (ND: non-distributive) 版
```

....

注4) https://www.typescriptlang.org/docs/handbook/2/conditional-types.html#distributive-
conditional-types

```
type ToArrayND<T> = [T] extends [any] ? Array<T> : never;

// ToArrayは、分配により共用体型の各要素に対して別々に適用されます
type R1 = ToArray<string | number>;
type _T1 = Assert<Equals<R1, Array<string> | Array<number>>>;

// ToArrayNDは分配を起こさないので、ToArrayND<T>はArray<T>に等しいです
type R2 = ToArrayND<string | number>;
type _T2 = Assert<Equals<R2, Array<string | number>>>;
```

なお、分配が起きるのは、共用体型を型関数の引数として与えるときだけです。そのため、型関数を手動でインライン展開をすると元の型関数とは振る舞いが変わることがあります。次のようにtype ToArray<T> = T extends any ? Array<T> : neverを展開するとよくわかります。

conditional-types-inlined.mts

```
import type { Assert, Equals } from "./utility-types.mts";

// ToArray<string | number>を手動で展開します
// ToArray<T>の定義はtype ToArray<T> = T extends any ? Array<T> :
  neverとします
type R1 = string | number extends any ? Array<string | number> :
  never;

// 戻り値型は分配を起こさない版のToArrayND<string | number>に一致します
type _T1 = Assert<Equals<R1, Array<string | number>>>;
```

 T[P] - 型のプロパティ参照

型のプロパティ参照は、任意の型TのプロパティPを参照する型演算です。たとえば、次の例のように、型のプロパティ参照によってオブジェクト型のプロパティの型を取り出すことができます。

property-access.mts

```
import type { Assert, Equals } from "./utility-types.mts";

type Entry = {
  id: number;
  title: string;
};

// Entryのidプロパティはnumber型
type _T2 = Assert<Equals<Entry["id"], number>>;
```

```
// Entryのtitleプロパティはstring型
type _T1 = Assert<Equals<Entry["title"], string>>;
```

　配列型に関しても、添字参照によって要素の型を得られます。まず、タプルの場合は添字を指定することで要素の型を参照できます。また、number型を指定することで、タプルの要素の型をすべて含む共用体型を得られます。

property-access-tuple.mts

```
import type { Assert, Equals } from "./utility-types.mts";

// タプルの要素を数値リテラル型で参照します
type IdAndName = [number, string];

// IdAndName[0]はnumber型
type _T1 = Assert<Equals<IdAndName[0], number>>;
// IdAndName[1]はstring型
type _T2 = Assert<Equals<IdAndName[1], string>>;
// IdAndName[number]はタプルの要素の型をすべて含む共用体型
type _T3 = Assert<Equals<IdAndName[number], number | string>>;
```

　配列の場合はnumber型の添字を指定することで要素の型を参照できます。実際には、配列だけでなく、添字シグネチャのある任意のオブジェクトについてこの操作が可能です。

property-access-array.mts

```
import type { Assert, Equals } from "./utility-types.mts";

// 配列の場合は、数値リテラル型とnumber型で意味は同じです
type ItemType1 = Array<string>[0];
type _T1 = Assert<Equals<ItemType1, string>>;

type ItemType2 = Array<string>[number];
type _T2 = Assert<Equals<ItemType2, string>>;

// 配列でなくても[key: number]という添字シグネチャがあれば添字参照ができます
type ObjectWithIndex = {
  [key: number]: string;
};
type _T3 = Assert<Equals<ObjectWithIndex[number], string>>;

// 組み込み型だと、ReadonlyArray<T>やArrayLike<T>に添字シグネチャがあります
type _T4 = Assert<Equals<ReadonlyArray<string>[number], string>>;
type _T5 = Assert<Equals<ArrayLike<string>[number], string>>;
```

ところで、TypeScript 5.5現在、noUncheckedIndexedAccess: trueのもとでは、配列の要素の型は T | undefined ですが、この型プロパティ参照では常にT型を返します。

infer型演算子

infer型演算子は、指定された箇所の型を推論し、その推論した結果の型を型変数に束縛します。たとえば、次の例は、配列型の要素の型をinfer型演算子を使って取り出しています。

infer-array-element-type.mts

```
import type { Assert, Equals } from "./utility-types.mts";

type ArrayElement<T> = T extends Array<infer U> ? U : never;

// 配列の要素型を得る
type _T1 = Assert<Equals<ArrayElement<Array<number>>, number>>;

// タプルの場合はタプルと配列の代入可能性に基づいて、共用体型が得られます
// ここで[number, string]はArray<number | string>に代入可能なので、Uに
はnumber | stringが束縛されます
type _T2 = Assert<Equals<ArrayElement<[number, string]>, number
 | string>>;
```

infer型演算子は高度な型演算に欠かせない演算子です。以降の節で、infer型演算子のユースケースをいくつか紹介します。

 ## 5-2 共用体型と交差型

共用体型と交差型についてはすでに4章でも取り上げていますが、型演算という文脈ではより深い理解が必要です。本章で導入した型関数AssertとEqualsを使って共用体型と交差型を観察してみましょう。

まず、共用体型と交差型は、keyof型演算子のオペランドにすると、異なるオブジェクト型T1とT2について、「(keyof T1) & (keyof T2)とkeyof（T1 | T2)は等しい」という関係が成り立ちます。次のコードを見てください。

keyof-union-and-intersection-1.mts

```
import type { Assert, Equals } from "./utility-types.mts";

type T1 = { a: string; b: string };
type T2 = { b: string; c: string };

type KI = keyof T1 & keyof T2;
// KIは"b"になります
type _T1 = Assert<Equals<KI, "b">>;

type KU = keyof (T1 | T2);
// KUも"b"になります！
type _T2 = Assert<Equals<KU, "b">>;
```

　(keyof T1) & (keyof T2)が"b"になるのは直感のとおりです。この式が
("a" | "b") & ("b" | "c")に展開され、プリミティブ値型の共用体型の交
差（共通部分）が計算されて"b"になるからです。

　keyof (T1 | T2)がT1とT2のプロパティ名の集合の交差である"b"にな
るのは直感的ではないかもしれません。つまり、"a" | "b" | "c"になっても
よさそうなものです[5]。しかし、この演算はプロパティ名の集合の交差でなけれ
ば型安全ではないのです。

　まず、ある型Tと型Kがあるとき、T[K]が妥当であること、つまりこの演算が
型安全であることを保証するためには、Kがkeyof Tの結果である共用体型の
部分集合でなければなりません。ここで、Tがオブジェクト型の共用体型である
とき、T[K]が妥当であることを保証するためには、Kは「共用体型Tの要素ごと
のプロパティ名の共用体型」の交差型でなければなりません。次のコードはコン
パイルエラーになりますが、その理由はまさしく(T1 | T2)["a"]は妥当では
ないからです。

keyof-union-as-type-safe.error.mts

```
type T1 = { a: string; b: string };
type T2 = { b: string; c: string };

// オブジェクト型TのプロパティKの型を返す型関数
// K extends keyof Tによって、T[K]が型安全であることを保証します
type ValueTypeOf<T, K extends keyof T> = T[K];

// T1["a"]は妥当です
```

注5) 実際、TypeScriptにもこの疑問が起票されています。本節の説明は、その疑問に対するAnders
Hejlsbergの回答がもとになっています。https://github.com/microsoft/TypeScript/issues/12948#
issuecomment-267457617

```
// T2["a"]は妥当ではありません
// よって(T1 | T2)["a"]は妥当ではなく、次の行はコンパイルエラーになります
type ValueOfUnion = ValueTypeOf<T1 | T2, "a">;
```

同様に、異なるオブジェクト型T1とT2について、「keyof (T1 & T2)と(keyof T1) | (keyof T2)は等しい」という関係が成り立ちます。次のコードを見てください。

keyof-union-and-intersection-2.mts

```
import type { Assert, Equals } from "./utility-types.mts";

type T1 = { a: string; b: string };
type T2 = { b: string; c: string };

type KI = keyof (T1 & T2);
// KIは "a" | "b" | "c" になります
type _T1 = Assert<Equals<KI, "a" | "b" | "c">>;

type KU = keyof T1 | keyof T2;
// KUも "a" | "b" | "c" になります
type _T2 = Assert<Equals<KU, "a" | "b" | "c">>;
```

keyof (T1 & T2)が"a" | "b" | "c"になるのは、T1 & T2がT1とT2の2つのプロパティを併せ持つオブジェクト型を生成するからです。つまり、「T1かつT2」を満たすオブジェクトを生成する演算、あるいはinterface T3 extends T1, T2 {}と等価な演算です。この交差型に対してkeyof型演算子を適用すると、"a" | "b" | "c"になります。

(keyof T1) | (keyof T2)は、keyof T1とkeyof T2の共用体型ですから、これを展開して("a" | "b") | ("b" | "c")となり、プリミティブ値型の共用体型のルールに従って"a" | "b" | "c"に単純化されます。

共用体型と交差型は型の基本的な演算ですが、演算の結果が直感的でないこともあるので、注意が必要です。困ったときは、分解して観察するとよいでしょう。

5-3 テンプレートリテラル型

TypeScriptのテンプレートリテラル型は、型システムの中で文字列操作を行

う強力な機能です。これにより、一定の規則を持つ文字列型を生成したり、型レベルで文字列リテラルの中身を解析したりできます。本節では、テンプレートリテラル型の基本的な使い方や、それを利用した型関数の実装方法について解説します。

 テンプレート文字列に従って一定の規則を持つ文字列型を作る

テンプレート文字列に従って一定の規則を持つ文字列型を作るには、string | number | bigint | boolean | null | undefinedと対応するリテラル型、およびそれらからなる共用体型をテンプレート文字列型に埋め込みます。次の例は"v1.2.3"や"v1.10.0"のようなバージョン文字列を表すテンプレートリテラル型VersionStringを定義しています。

template-literal-type-ver-string.mts
```
type VersionString = `v${number}.${number}.${number}`;

const a = "v1.2.3" satisfies VersionString;
const b = "v1.10.0" satisfies VersionString;
```

このv${number}.${number}.${number}という形式に従わない文字列は、VersionStringには代入できません。

template-literal-type-ver-string.error.mts
```
type VersionString = `v${number}.${number}.${number}`;

// 次の文はコンパイルエラーになります
const c = "foo" satisfies VersionString;
// [TS1360] (4,27): Type '"foo"' does not satisfy the expected ↵
  type '`v${number}.${number}.${number}`'.
```

このほか、${"A" | "B"}-${"C" | "D"}によって"A-C" | "A-D" | "B-C" | "B-D"という型を作ることもできます。ただし、式を評価した結果の共用体型の要素が多過ぎると、TS2590[注6]というエラーでコンパイルできなくなります。

なお、実際にはnumberは"1e3"や"3.14"などの文字列も受け付けるため、v${number}.${number}.${number}だけでは不十分です。ただし、TypeScript 5.5現在では、これより厳密で実用的なVersionStringを定義するこ

注6) "[TS2590] Expression produces a union type that is too complex to represent" (式が処理できないほど複雑な共用体型を生成しました)

とは、おそらくできません。共用体の複雑さの制限を超えてTS2590エラーになるためです。

  テンプレートリテラル型とinfer型演算子で
文字列リテラル型の中身を解析する

テンプレートリテラル型とinfer型演算子を組み合わせることで、文字列リテラル型の中身を解析できます。たとえば、次の例は、文字列リテラル型"v1.2.34"から、["1", "2", "34"]という型を取り出しています。

template-literal-type-infer.mts
```
import type { Assert, Equals } from "./utility-types.mts";

type ParseVersionString<T extends string> =
  T extends `v${infer A}.${infer B}.${infer C}` ? [A, B, C] : never;

type VersionParts = ParseVersionString<"v1.2.34">;

type _T1 = Assert<Equals<VersionParts, ["1", "2", "34"]>>;
```

このとき、パース結果の要素を数値リテラル型([1, 2, 34])にしたいときは、infer T extends number構文でTを数値リテラル型として取り出せます。次のParseVersionStringAsNumbersは、文字列リテラル型"v1.2.34"から、[1, 2, 34]というタプル型を取り出しています。

template-literal-type-infer-num.mts
```
import type { Assert, Equals } from "./utility-types.mts";

type ParseVersionString<T> = T extends `v${infer A extends
  number}.${infer B extends number}.${infer C extends number}`
  ? [A, B, C]
  : never;

type VersionParts = ParseVersionString<"v1.2.34">;

type _T1 = Assert<Equals<VersionParts, [1, 2, 34]>>;

// タプルなので要素も参照できます
type _T2 = Assert<Equals<VersionParts[0], 1>>;
type _T3 = Assert<Equals<VersionParts[1], 2>>;
type _T4 = Assert<Equals<VersionParts[2], 34>>;
```

```
// フォーマットにマッチしない文字列はneverになります
type _T5 = Assert<Equals<ParseVersionString<"foo">, never>>;
```

テンプレートリテラル型を活用した型関数を自作することは比較的まれかもしれません。しかし、テンプレートリテラル型を活用するとコンパイル時に計算も可能となり、型安全性なTypeScriptプログラムを開発するのに役立ちます。コンパイル時計算は難解でデバッグも難しいですが、TypeScriptの驚くべき便利機能です。筆者としては、時間をかけて習得する価値のある技術だと思っています。

5-4 組み込み型関数

本節ではTypeScriptの標準ライブラリとして組み込まれている型関数をいくつか取り上げ、実装を紹介します。また、型関数を構成するさまざまな型演算についても紹介します。

なお、組み込み型関数は多岐に渡り、便利なものも多数あります。実装についてはさておき、公式ドキュメント[注7]を一読しておくことをおすすめします。

 **Record<KeyType, ValueType>
- 連想配列として使うオブジェクト型を生成する**

Record<K, V>は、キーの型がKで、値の型がVである連想配列として使うオブジェクト型を生成します。たとえば、次のコード例のように、Record<string, number>は{ [key: string]: number }に等しい型を返します。

record.mts
```
import type { Assert, Equals } from "./utility-types.mts";

type _T1 = Assert<Equals<Record<string, number>, { [key: string]
: number }>>;
```

Record<K, V>はMap<K, V>の代わりに使うことがあります。

注7) https://www.typescriptlang.org/docs/handbook/utility-types.html

ReturnType<Fn> - 関数の戻り値を取り出す

ReturnType<Fn>は、関数型Fnの戻り値の型を返します。たとえば、次のコード例のように、ReturnType<() => number>はnumberを返します。

return-type.mts
```
import type { Assert, Equals } from "./utility-types.mts";

type _T1 = Assert<Equals<ReturnType<() => number>, number>>;
```

ReturnType<Fn>の実装は、TypeScript 5.5の時点では次のようになっています。

return-type-impl.mts
```
type ReturnType<Fn extends (...args: any) => any> = Fn extends (
  ...args: any
) => infer R
  ? R
  : any;
```

これはinfer型演算子を使うおもしろい例です。まずReturnTypeの型引数の制約 Fn extends (...args: any) => any は、任意の数の引数をとり、任意の値を返す関数型、つまりFnを「任意の関数」に限定するための制約です。

次にFn extends (...args: any) => infer R ? R : anyは、関数型であるFnの戻り値をinfer型演算子によってRに束縛し、束縛が成功したらRを返します。型引数の制約によってFnは必ず関数型であることが保証されるため、このinfer型演算子による束縛は必ず成功します。

もしReturnTypeを「関数型以外の型も受け取れるようにし、関数型でなければneverを返す」という振る舞いにしたいときは、次のように書きます。

return-type-or-never.mts
```
import type { Assert, Equals } from "./utility-types.mts";

type ReturnType<T> = T extends (...args: any) => infer R ? R : never;

// 関数型に対してはその戻り値型を返します
type _T1 = Assert<Equals<ReturnType<() => number>, number>>;

// 関数型以外を渡すとneverを返します
type _T2 = Assert<Equals<ReturnType<number>, never>>;
```

Pick<T, K> - オブジェクト型から一部のプロパティを取り出す

Pickは、あるオブジェクト型Tに対して、指定された一部のプロパティの集合Kからなるオブジェクト型を返します。次の例のように使います。

pick.mts
```
import type { Assert, Equals } from "./utility-types.mts";

// PickはTから一部のプロパティの集合を取り出す型関数
type _T1 = Assert<
  Equals<
    Pick<{ id: number; title: string; url: string }, "id" | "title">,
    { id: number; title: string }
  >
>;
```

Pickの実装は、TypeScript 5.5の時点では次のようになっています。

pick-impl.mts
```
type Pick<T, K extends keyof T> = {
  [P in K]: T[P];
};
```

まず型引数Kの制約K extends keyof Tにより、Kとして与えられる型引数はTのプロパティ名に限定されます。keyof TはTのプロパティ名の共用体型を返します。たとえば、keyof { id: number, title: string }は"id" | "title"を返します。この制約により、たとえばPick<{ id: number }, "title">はTに存在しないプロパティ名を指定しているため、コンパイルエラーになります。

次に、[P in K]という構文は、型の集合である共用体型Kの各要素をPという型変数に束縛し、値となる型をPを使って型のマッピングを行います。この場合はマッピングの結果はT[P]です。このマッピングの結果を型関数Fの呼び出しととらえて[P in K]: F<P>と考えてもよいでしょう。

T[P]は、型プロパティ参照で、TのプロパティPの型を表します。この型マッピングにより、たとえば{ [P in ("id" | "title")]: {id: number, title: string}[P] }は、{ ["id"]: string, ["title"]: number }という型に展開されます。集合の各要素に対してマッピングするという意味では、Array.prototype.map()メソッドに似ているかもしれません。このような型マッピングは、次のコードで確認できます。

pick-mapping.mts
```
import type { Assert, Equals } from "./utility-types.mts";

type Entry = {
  id: number;
  title: string;
};

// プロパティidとtitleに対してそれぞれEntry["id"]とEntry["title"]の型を
// マッピングします
type _T1 = Assert<
  Equals<
    { [P in "id" | "title"]: Entry[P] },
    { ["id"]: Entry["id"]; ["title"]: Entry["title"] }
  >
>;
```

ここであらためてPickの実装をみると、「Pickはオブジェクト型を返す。そのオブジェクト型は、第一型引数Tのプロパティのうち、第二型引数Kとして指定したTのプロパティからなる」と読めます。なお、Kとしてneverを与えると、空集合という意味になり、空のオブジェクト型{}を返します。

 ## Omit<T, K> - オブジェクト型から一部のプロパティを除外する

OmitはPickと対になる操作です。Tから一部のプロパティの集合Kを除外したオブジェクト型を返します。次の例のように使います。

omit.mts
```
import type { Assert, Equals } from "./utility-types.mts";

// OmitはTから一部のプロパティの集合を除外する型関数
type _T2 = Assert<
  Equals<
    Omit<{ id: number; title: string; url: string }, "id" | "title">,
    { url: string }
  >
>;
```

Omitの実装は、TypeScript 5.5の時点では次のようになっています。

```
                                                                     omit-impl.mts
type Exclude<T, U> = T extends U ? never : T;
type Omit<T, K extends keyof any> = Pick<T, Exclude<keyof T, K>>;
```

Exclude<T, U>は、条件付き型の分配を利用して、共用体Tのうち、共用体型Uに含まれる要素を除いた共用体型を返します。たとえば、Exclude<"a" | "b" | "c", "a">は、"b" | "c"です。これはまず分配によりExclude<"a", "a"> | Exclude<"b", "a"> | Exclude<"c", "a">に展開されます。条件付き型が評価された結果never | "b" | "c"となり、neverは共用体型においては意味を持たない空集合であるため、最終結果は"b" | "c"となります。

さて、Omit<T, K>の実装を見てみましょう。Kの型引数への制約は実装とは関係がないのでいったん置いておきます。Pickを呼んでいるのでOmitはTの一部のプロパティをPickする型関数だということがわかります。Pickの第二型引数はExclude<keyof T, K>です。これはTのプロパティ名の集合から共用体型Kを除いたものです。

つまり、Omitの実装は「Omitは第一型引数Tのサブセットであるオブジェクト型を返す。そのオブジェクト型は、第一型引数Tのプロパティのうち、第二型引数Kとして指定したプロパティを除いたものからなる」と読めます。

なお、K extends keyof anyという制約は、Kが「プロパティ名として妥当」であることを保証するものです。keyof anyは、常にオブジェクトのプロパティ名として妥当であるstring | number | symbolを返します。

Partial<T>
- オブジェクト型のプロパティをすべて省略可能にする

Partial<T>はTypeScriptの組み込み型関数です。これは、オブジェクト型Tを受け取り、Tのすべての型を省略可能にした新しいオブジェクト型を返します。たとえば、次のコード例のように、Partial<{ id: number, title: string }>は{ id?: number; title?: string }に等しい型を返します。

```
                                                                     partial.mts
import type { Assert, Equals } from "./utility-types.mts";

type Entry = {
  id: number;
  title: string;
};
```

```
type PartialEntry = Partial<Entry>;

// ここでPartialEntryは{ id?: number, title?: string }と等しいです
type _T1 = Assert<Equals<PartialEntry, { id?: number; title?:
 string }>>;
```

Partial<T>の実装は、TypeScript 5.5の時点では次のようになっています。

partial-impl.mts

```
type Partial<T> = {
  [P in keyof T]?: T[P];
};
```

ここで、[P in keyof T]?: T[P]について見てみます。まずkeyof Tは、Tのキー、つまりプロパティ名すべてからなる共用体を生成する型演算子です。たとえば、keyof { foo: string, bar: number }は"foo" | "bar"となります。次のようなkeyof型演算子を単体で使うコードで確認できます。

keyof.mts

```
import type { Assert, Equals } from "./utility-types.mts";

type Entry = {
  id: number;
  title: string;
};

type _T1 = Assert<Equals<keyof Entry, "id" | "title">>;
```

[P in U]という構文は、Pickの項で解説したように、共用体型Uの要素に対して型のマッピングを行います。T[P]は、型プロパティ参照で、TのプロパティPの型を表します。K?: Vは、プロパティKを省略可能にします。このとき、Kの型はV | undefinedとなります。

つまり、T = { id: number, title: string }のとき、{ [P in keyof T]?: T[P] }は、次のような順で展開されます。

1. { [P in ("id" | "title")]?: T[P] }
2. { ["id"]?: T["id"], ["title"]?: T["title"] }
3. { id?: number, title?: string }

このようにして、Partial<T>はTのすべてのプロパティを省略可能にした新しいオブジェクト型を生成します。

5-5 型演算活用事例 - ルーティングパスの文字列型からパラメータを取り出す型関数ParamsOf<S>

さて、本章の最後に、型演算の活用事例をひとつ紹介します。ここで紹介する型関数は、ルーティングパスの文字列型からパラメータを取り出す型関数ParamsOf<S>を実装します。この関数は、文字列リテラル中の{name}という形式を拾って文字列型のパラメータとみなします。たとえば、ParamsOf<"/{userId}/{entryId}/">は{ userId: string, entryId: string }を生成します。なお、{と}のエスケープは考えません。

まず、実装とテストは次のようになります。

type-function-params-of.mts

```
import type { Assert, Equals } from "./utility-types.mts";

export type ParamsOf<S extends string> =
  S extends `${infer _Head}{${infer Name}}${infer Tail}`
    ? { [K in Name]: string } & ParamsOf<Tail>
    : {};

// 例1
type Params1 = ParamsOf<"/{userId}/{entryId}/">;
type _T1 = Assert<Equals<Params1, { userId: string } & { entryId: string }>>;

// 例2
type Params2 = ParamsOf<"/@{account}/thread/{threadId}/comment/{commentId}">;
type _T2 = Assert<
  Equals<
    Params2,
    { account: string } & { threadId: string } & { commentId: string }
  >
>;
```

ParamsOf<S>はまず、テンプレートリテラル型と条件付き型を組み合わせてパラメータ名を{name}から取り出します。このとき、文字列の冒頭にある、パ

ラメータとは関係のない_Headは不要なので使いません。また、{name}のあとの部分文字列はTailとして取り出し、ParamsOf<Tail>として再帰的に呼び出しています。ひとつひとつの型は&で交差型として結合しています。

"/{userId}/{entryId}/"に対して、ステップごとにAssertで確認するなら、次のようになるでしょう。

type-function-params-of-1.mts

```
import type { Assert, Equals } from "./utility-types.mts";
import type { ParamsOf } from "./type-function-params-of.mts";

// type Params = ParamsOf<"/{userId}/{entryId}/">を考えます

// 1. S = "/{userId}/{entryId}/"
type Step1 =
  "/{userId}/{entryId}/" extends `${infer _Head}{${infer Name}}${infer Tail}`
    ? [_Head, Name, Tail]
    : never;
type _T1 = Assert<Equals<Step1, ["/", "userId", "/{entryId}/"]>>;

// 2. ここで、ParamsOfの条件付き型のtrue側に入るので、Name = "userId"として交差演算子の左辺だけ考えます
type Step2 = { [K in "userId"]: string };
type _T2 = Assert<Equals<Step2, { userId: string }>>;

// 3. Tail = "/{entryId}/"として再帰的にParamsOfを呼び出します
type Step3 = ParamsOf<"/{entryId}/">;
type _T3 = Assert<Equals<Step3, { entryId: string }>>;

// 4. Step 2とStep 3を交差演算子で結合します
type Step4 = { userId: string } & { entryId: string };
type _T4 = Assert<Equals<Step4, { userId: string } & { entryId: string }>>;
```

TypeScriptベースのWebアプリケーションフレームワークでは、このような型関数でルーティングパスをもとにパラメータの型を生成しているものがあります。たとえば、Hono（炎）[注8]はまさにルーティングパスの文字列型からパラメータの型を生成する型演算をフレームワークとして実装しています。

注8) https://hono.dev/

第 **6** 章
モジュールシステム

6-1 importで拡張子なし

6-2 importで拡張子に .mjs

6-3 importで拡張子に .mts

本章では、TypeScriptにおけるモジュールシステムについて解説します。TypeScriptはJavaScriptからモジュールシステムを継承し、さらにTypeScript固有のモジュールの解決のしくみ (module resolution) が加わることで、モジュールシステムが複雑で理解しにくいものになっています。そこで本章では、TypeScriptによるソフトウェア開発で必要となるモジュールシステムへの理解を深めるために、具体的なコード例を用いて、モジュールシステムのしくみを解説します。

ただし、現在はESモジュールのベストプラクティスが定まっていません。アプリケーション全体でコード上はESモジュールに統一するとしても、次のようなスタイルが存在します[注1]。

1. importで拡張子なし
2. importで拡張子は.mjs
3. importで拡張子は.mts

これまで見てきたとおり、本書は「3. importで拡張子は.mts」というスタイルを採用しています。筆者としては、このスタイルがいずれベストプラクティスになると考えているからです。

6-1　importで拡張子なし

「importで拡張子なし」は、importするファイルの拡張子を指定しないスタイルで、拡張子はTypeScriptコンパイラとスクリプトエンジンがそれぞれ別に処理して補完します。このスタイルはESモジュール以前のCommonJS時代から伝統的に採用されてきたデファクトスタンダードで、現在も多くのプロジェクトが採用しています。次のコードは一例です。

まず、次のような add.mts があるとします。

注1）package.jsonでプロジェクト全体をESモジュールにしたうえで拡張子にmを付けない.js/.tsとするスタイルもありますが、検討すべきことは変わらないのでここでは割愛します。筆者としては、ファイル単位でESモジュールであることを明示できるmつきの拡張子を使うべきだと考えています。

add.mts
```
export function add(a: number, b: number): number {
  return a + b;
}
```

これをimportする`import-without-ext.error.mts`は次のようになります。ただし、本書のtsconfig.jsonの設定では、このコードはエラーになるはずです。

import-without-ext.error.mts
```
// error TS2835
import { add } from "./add"; // 設定次第で*.mjs, *.js, */index.js
                              // などのいずれかのファイルをimportします
console.log(add(1, 2));
```

現在はこのスタイルも主流ですが、このスタイルはいずれ廃れていくと思われます。それはひとつには、省略した拡張子が処理系によって自動的に補完されるため、実際にどのファイルがimportされるか不明瞭だからです。

さらに、JavaScript実行環境が直接ESモジュールを解釈するとき、ブラウザでもNode.jsでもファイル拡張子の省略を許しません。よって、このスタイルを採用する場合は、ビルドの過程において、ESモジュール構文をCommonJS構文（require関数）に変換するか、Webpackのようなビルドツールによって複数のファイルを結合（バンドル）する必要があります。つまり、JavaScript実行環境の標準のESモジュール機能を使うのであれば、このスタイルは採用しにくいのです。実際、本書の設定のように、tsconfig.jsonの設定次第ではすでにこのスタイルのコードが書けなくなってきています。

6-2　importで拡張子に`.mjs`

importで拡張子に`.mjs`を指定するスタイルは、現在のTypeScriptコンパイラがESモジュールを使うためにコンパイルする際に標準と定める方法です。ただし、これは`.mts`ファイルから`.mjs`ファイルをimportするため、一見すると奇妙に見えます。コンパイル後の`.mjs`は通常リポジトリにはコミットしないため、存在しないファイルをimportしているように見えるためです。

```
                                                        import-with-mjs.mts
import { add } from "./add.mjs"; // *.mtsをimportしたいときに*.mjs
を指定します
console.log(add(1, 2)); // => 3
```

このスタイルが存在するのは、TypeScriptコンパイラは、出力されるJavaScriptファイルに対して「ランタイムの動作を変える可能性のある変更をしない」というポリシーを持っているからです。しかし、存在しないファイルをimportするのはわかりやすいとはいえず、これが今後広く採用されるスタイルになるかどうかは疑問です。

6-3 importで拡張子に.mts

importで拡張子に`.mts`を指定するスタイルは、TypeScript 5.0から`allowImportingTsExtensions: true`オプションを付けることのよってサポートされるスタイルです。

```
                                                        import-with-mts.mts
import { add } from "./add.mts"; // *.mtsをimportします
console.log(add(1, 2)); // => 3
```

このスタイルはソースコード上のファイル名が一致するため、シンプルでわかりやすいです。ただし、TypeScriptコンパイラはこのスタイルのときはJavaScriptを出力できないようになっています。しかし、tsimpコマンドのようにJavaScriptファイルを介さないカスタムコンパイラは、このスタイルのTypeScriptファイルを実行できます。また、Webpackのようなバンドルを行うビルドツールも、このスタイルのTypeScriptファイルをビルドしてよいとされています。

このスタイルは、本書が採用するスタイルでもあります。TypeScriptコンパイラそのままだとJavaScriptファイルを出力できないという癖の強いスタイルですが、TypeScriptファイルから別のTypeScriptファイルをそのまま参照するという整合性があるのはわかりやすさの点で大きな利点です。筆者はいずれこのスタイルがデファクトスタンダードになると考えています。

著者プロフィール

藤吾郎 (ふじごろう)

ソフトウェアエンジニア。TypeScriptとRust好きが勢い余ってRustで
TypeScriptインタプリタを書き始めました (github.com/gfx/TiScript)。
二児の父。

カバーデザイン	bookwall
カバーイラスト	草野 碧
本文デザイン・DTP	株式会社マップス
担当	小竹香里

●本書サポートページ

https://gihyo.jp/book/2024/978-4-297-14577-4

本書記載の情報の修正／訂正については、
当該Webページで行います。

JavaScriptプログラマーのための
TypeScript厳選ガイド
～JavaScriptプロジェクトを型安全で堅牢にする
書き方を理解する

2024年11月21日 初版 第1刷発行

著 者	藤吾郎
発行者	片岡 巖
発行所	株式会社技術評論社
	東京都新宿区市谷左内町21-13
	電話 03-3513-6150 販売促進部
	03-3513-6177 第5編集部
印刷／製本	昭和情報プロセス株式会社

©2024 藤吾郎

・定価はカバーに表示してあります。
・本書の一部または全部を著作権法の定める範囲を越え、無断で複写、複製、転載、
　あるいはファイルに落とすことを禁じます。
・本書に記載の商品名などは、一般に各メーカーの登録商標または商標です。
・造本には細心の注意を払っておりますが、万一、乱丁 (ページの乱れ) や落丁
　(ページの抜け) がございましたら、小社販売促進部までお送りください。送料小
　社負担にてお取り替えいたします。

ISBN978-4-297-14577-4 C3055　　　　　　　Printed in Japan

■お問い合わせについて

本書に関するご質問については、記載内
容についてのみとさせて頂きます。本書
の内容以外のご質問には一切お答えでき
ませんので、あらかじめご承知おきくだ
さい。また、お電話でのご質問は受け付
けておりませんので、書面またはFAX、
弊社Webサイトのお問い合わせフォーム
をご利用ください。

なお、ご質問の際には、「書籍名」と「該
当ページ番号」、「お客様のパソコンなど
の動作環境」、「お名前とご連絡先」を明
記してください。

〒162-0846
東京都新宿区市谷左内町21-13
株式会社技術評論社
『JavaScriptプログラマーのための
TypeScript厳選ガイド
～JavaScriptプロジェクトを型安全で
堅牢にする書き方を理解する』係
FAX: 03-3513-6173
URL: https://book.gihyo.jp

お送りいただきましたご質問には、でき
る限り迅速にお答えをするよう努力して
おりますが、ご質問の内容によってはお
答えするまでに、お時間をいただくこと
もございます。回答の期日をご指定いた
だいても、ご希望にお応えできかねる場
合もありますので、あらかじめご了承く
ださい。
ご質問の際に記載いただいた個人情報は
質問の返答以外の目的には使用いたしま
せん。また、質問の返答後は速やかに破
棄させていただきます。